中国生态环境宣传

（2012—2022 年）

陈　谦　主编

中国环境出版集团·北京

目　录

引　言

　　党的十八大以来，以习近平同志为核心的党中央把宣传思想工作摆在全局工作的重要位置，作出一系列重大决策，实施一系列重大举措。在党中央坚强领导下，宣传思想战线积极作为、开拓进取，党的理论创新全面推进，中国特色社会主义和中国梦深入人心，社会主义核心价值观和中华优秀传统文化广泛弘扬，主流思想舆论不断巩固壮大，文化自信得到彰显，国家文化软实力和中华文化影响力大幅提升，全党全社会思想上的团结统一更加巩固。

　　2015 年 5 月，《中共中央 国务院关于加快推进生态文明建设的意见》提出，坚持把培育生态文化作为重要支撑。将生态文明纳入社会主义核心价值体系，加强生态文化的宣传教育，倡导勤俭节约、绿色低碳、文明健康的生活方式和消费模式，提高全社会生态文明意识。

　　生态环境宣传工作是推进生态环境治理体系和治理能力现代化的重要组成部分，在推动贯彻落实习近平生态文明思想、深入打好污染防治攻坚战、提升全社会生态环境保护意识、促进生产和生活方式绿色转型等方面发挥着前沿阵地和有力支撑的重要作用。

宝剑锋从磨砺出　梅花香自苦寒来

　　宣传工作的重要性，往往在特殊时间节点的特殊事件应对中更加凸显出来，生态环境宣传工作也不例外。

　　2013 年，生态环境宣传工作遭遇了前所未有的挑战和考验，接踵而来的舆情、工作局面的被动，触动着神经、催促着自省。随后的几年成为生态环境宣传工作以锐意改革迎来曙光、靠奋发有为焕然一新的前夜。

　　人们难以忘记，那一年严重影响生产和生活的雾霾。

　　2013 年年初，北京、河北等地遭遇严重雾霾天气；进入当年 10 月以后，大范围雾霾污染又蔓延至哈尔滨、苏州、上海、三亚等地，从东北到华南无一幸免。据统计，2013 年，中国平均雾霾天数为 52 年来最多，多地创下"历史纪录"。

　　空气净化器脱销，各种口罩被抢购一空，数据显示，2013 年在网站上购买口罩的人数是 2012 年的 181%。同时，"抗雾霾武术操""抗雾霾食谱"等广为流传，人们关注着雾霾的成因，担忧着自身的健康，质疑甚至批评当时的环保工作。更有外媒声称：2013 年雾霾

"攻陷"中国。

对于雾霾治理，我国政府给予了高度重视。2013年9月，国务院发布《大气污染防治行动计划》。根据科学论证及评估，大气污染防治行动计划共需投入17 500亿元，预计到2017年，全国地级及以上城市可吸入颗粒物（PM_{10}）浓度比2012年下降10%以上，优良天数逐年提高；全国二氧化硫（SO_2）、氮氧化物（NO_x）、烟（粉）尘、挥发性有机物（VOCs）排放量大幅下降，可吸入颗粒物（PM_{10}）、细颗粒物（$PM_{2.5}$）浓度明显降低，雾霾发生频次大幅减少。

2014年全国两会明确提出，对包括雾霾在内的污染宣战。

然而，在这样的局势下，当时的生态环境新闻宣传却处于一种滞后和被动的状态，工作上存在不主动、不及时、不适应的问题。宣传内容空泛，主线不突出。一些宣传工作与环保中心工作和重点任务相脱节，主动策划不够，宣传内容随意性强，大而化之，笼统浮泛，主题、主线不突出，甚至"无主题变奏"。宣传对象虚化，针对性不强。一些宣传工作喜好表面上的热热闹闹，大水漫灌，自娱自乐，无的放矢。对公众关切的环境热点问题关注不够，应对突发环境舆情能力不足。专业性的概念、术语多，不形象、不具体、不生动，不善于用公众听得懂的语言宣传。宣传创意贫乏，效果不够明显。一些宣传工作方式老化陈旧，新媒体、社会化手段研究、运用不够。宣传活动缺乏新意，话语体系陈旧，全系统还没有一个有较大影响力的品牌性活动。环境宣传产品供给能力不足，优质环境宣传品匮乏。宣传资源和宣传力量缺乏统筹整合，明确责任、有效衔接不足。社会优质宣传资源潜力尚未有效开发，未能借助传播领域"关键少数"的作用，壮大宣传力量、扩大宣传影响。

2016 年 9 月，时任环境保护部部长陈吉宁专门听取宣传工作汇报，并提出工作要求，强调宣传工作要解决四个问题：面对面的问题、慢的问题、虚的问题和与大众互动的问题。

陈吉宁要求，要大力改善宣传方式，用专业的精神和专业的方法抓宣传工作，建立专业化的宣传工作机制，针对宣传的内容、方法、时机进行精心设计。要让业务司局也建立专业化的宣传思维，掌握专业化的宣传方式。同时，要对宣传效果及时进行评估，发现不足并予以改进。要建立例行新闻发布制度，明确新闻发言人。业务司局主要负责人要参与例行新闻发布，要敢于面对媒体、善于面对媒体，增强与媒体的联系与交流。要强化新媒体建设，充分利用新媒体快速传播。对于舆情要及时主动引导，建立机制和队伍，针对不同情况，明确主动回应的部门、单位和人员，要见人见事见时间。要善于统筹和撬动内外资源和力量，扩大宣传内容和阵地。

陈吉宁强调，宣传工作是一项专业性很强的政治工作，必须始终保持政治敏感，时刻把握好宣传工作的政治方向、舆论导向和价值取向。

知耻而后勇。迎着当时严峻复杂的挑战，在环境保护部党组的坚强领导下，环境宣传和舆情应对工作迈出了改革创新的步伐。

建立例行新闻发布制度，每月底定期发布；开通环境保护部政务新媒体，每天动态发布更新内容；构建全国环境保护系统新媒体矩阵；举办六五环境日国家主场活动……

生态环境宣传工作在创新中不断探索，习近平生态文明思想的提出为进一步做好这项工作提供了根本遵循和方向指引。

2018 年 5 月，全国生态环境宣传工作会议在京召开，时任生态环境部部长李干杰强调，生态环境宣传和舆论引导是一项十分光荣、极端重要、专业性很强的政治工作，要大力宣传习近平生态文明思想，深刻认识做好生态环境宣传和舆论引导工作的重要性，统筹好生态环境正面宣传和舆论监督的关系，主动客观曝光生态环境问题也是正面宣传，要善于创新生态环境宣传工作方式方法，建好网络时代政府部门的"信息窗口""形象窗口"，用好新媒体矩阵，丰富新媒体产品，敢于"面对面"，勤于"键对键"，不断提高生态环境宣传的感染力、影响力，把握新闻宣传的话语权和主导权，始终占领网络传播主阵地，全面增强讲好中国生态环境保护故事的本领，充分宣传发动全社会行动，进一步推动社会公众广泛参与生态环境保护。

自此，生态环境宣传工作思路更深了、视野更广了、步子更大了、方式更多了、举措更实了。

　　创新六五环境日宣传活动，打造"美丽中国，我是行动者"品牌，举办国家主场活动；大力推进生态文化建设，连续举办"大地文心"生态文学采风活动，推出了一批反映生态环境保护工作实际的优秀生态文学作品；积极促进环保公众参与，发布《公民生态环境行为规范（试行）》，推动环保设施向公众开放，推动生态环境志愿服务工作，促进公众知行合一，参与和践行生态环境保护工作。

　　经过一系列实践和探索，长期以来生态环境舆论的被动局面基本上得到了扭转，生态环境宣传工作取得了显著成效。生态环境保护的社会知晓率和公众参与度明显提升，生态环境舆情形势逐渐平稳，生态环境舆论局面实现由被动到主动的明显转变，为打赢打好污染防治攻坚战、建设人与自然和谐共生的现代化营造了良好舆论氛围。

　　十年来，全国生态环境宣教系统坚决贯彻落实党中央决策部署，大力宣传习近平生态文明思想，顶层设计不断优化，新闻宣传更有声势，公众参与更为广泛，生态文化更具影响。例行新闻发布、六五环境日国家主场、环保设施向公众开放、新媒体建设等制度和平台从无到有，逐渐成为彼此呼应、相辅相成的体系，为推动绿色发展、建设人与自然和谐共生的美丽中国营造了良好舆论氛围。

（一）旗帜持续高扬

　　做好宣传工作，必须把引领思想、凝聚力量放在首位。宣传贯彻习近平生态文明思想，成为生态环境宣传工作的首要政治任务。

习近平生态文明思想是新时代我国生态文明建设的根本遵循和行动指南。做好习近平生态文明思想宣传，引导全社会牢固树立绿水青山就是金山银山的理念，自觉践行绿色生产生活方式，共同建设美丽中国，是新时代生态环境宣传工作的神圣职责和光荣使命。

以举旗帜、聚共识营造良好开局。

2018 年 5 月，在全国生态环境保护大会闭幕 10 天后，全国生态环境宣传工作会议在北京召开。会议明确提出"宣传习近平生态文明思想是宣传工作的核心任务"，在全国掀起学习贯彻习近平生态文明思想的热潮。

2019 年 5 月，深入学习贯彻习近平生态文明思想研讨会首次举办。会议要求，要围绕学习贯彻习近平生态文明思想，加强生态环境保护深入沟通交流、积极建言献策，为提升生态文明、建设美丽中国贡献智慧和力量。

以明目标、定举措推动广泛传播。

2020 年，为全面总结各部门、各地方三年来宣传习近平生态文明思想工作成效，明确下一阶段具体任务，全国省、市、县三级共 1.4 万余人线上齐聚"美丽中国，我是行动者"主题实践活动总结会，总结实践活动成果。大家一致表示，要把学习宣传习近平新时代中国特色社会主义思想特别是习近平生态文明思想，贯穿系列活动的全过程和各环节。

2021 年，《"美丽中国，我是行动者"提升公民生态文明意识行动计划（2021—2025 年）》发布。生态环境部、中央宣传部、中央文明办、教育部、共青团中央、全国妇联 6 部门对标"到 2025 年，习近平生态文明思想更加深入人心"的总体目标，从深化重大理论研究、持续推进新闻宣传等 6 个方面开展了更加广泛的社会动员。

2021 年、2022 年，在联合国《生物多样性公约》第十五次缔约方大会新闻宣传中，上千名中外记者参加会议报道，向国际社会传递了保护生物多样性的最强音，展示了习近平生态文明思想的丰富内涵。

以抓落实、求创新推动明心见行。

近年来，各地各部门狠抓落实、积极探索，学习宣传习近平生态文明思想的热潮持续激荡。

整合资源优势，调动高校、科研院所力量，深化习近平生态文明思想理论研习。福建、广东、重庆等地举办专题研讨会，安徽、重庆形成研究专著和论文集，天津、江苏制定学习宣传的条例办法，河南、湖北、云南等地组建宣讲团，习近平生态文明思想在基层一线落地开花。

党的二十大期间，各地认真做好宣传工作，组织主题采访、系列报道、专题片制作，盘点和展示十年来的生态环境保护工作成效。就党的二十大新闻发布会提到的相关典型案例，北京、河北、江苏、福建、四川、甘肃等地抓住时机进行"二次宣传"，增强了学习宣传贯彻习近平生态文明思想的整体效果，凝聚起了新时代加强生态环境保护工作的磅礴力量。

（二）阵地不断巩固

阵地是宣传工作的根基和保障，只有与时俱进主动占领阵地、积极用好阵地，才能让宣传工作根深、枝繁、叶茂，拥有广泛的群众基础，凝聚强劲的社会力量。

公众在哪里，宣传就要到哪里。随着信息技术的广泛应用，网络和新媒体逐渐成为政府传播重要渠道，也成为舆情产生、发酵的重要途径。新时代，提升政府传播引导力、影响力、公信力，必须牢牢占领互联网这个主阵地。

无论线上还是线下，宣传阵地一个都不能少、一寸都不能丢。怀着这样的信念，经过周密谋划和设计，生态环境宣传以敢闯敢试的劲头，毅然挺进新的战场。

顺应传播规律，吸引全民关注。

2016 年 11 月 22 日，环境保护部官方信息发布平台——"环保部发布"官方微博和微信公众号（2018 年 3 月 22 日更名为"生态环境部"官方微博和微信公众号，以下简称生态环境部"两微"）
开通上线。

生态环境部新媒体宣传工作从无到有，一步步成长壮大。随着
头条号、一点号、企鹅号、澎湃号、网易号等新媒体平台账号的陆
续开通，"两微十一号"新媒体发布平台顺利搭建，实现了一次发
声、多点发力、全网传播的效果。

两千多个日夜，生态环境部"两微"与全社会一路相伴，持续
提供及时、权威的生态环境信息。数百万粉丝是这段生态环境保护
事业不平凡历程的见证者，更是亲历者。

同时，生态环境部还指导推动全国 422 个地级及以上城市生态
环境部门全部开通微博和微信公众号，建立起以生态环境部"两微"
新媒体为龙头的国家、省、市三级生态环境系统新媒体矩阵。

各级生态环境宣传部门发挥各类传播平台作用，报、网、声、
屏、端齐头并进，高密度、多层次、立体化传递权威政策信息。全
国生态环境系统政务新媒体矩阵同频共振，成为公众获取权威生态
环境信息、表达诉求建议的重要窗口。

强化新闻发布，回应社会关切。

新闻发布是舆论引导的"重器"。2017 年，环境保护部建立例
行新闻发布会制度，及时向社会公众权威、准确地通报政策举措、
工作进展，回应社会关切的热点问题。

"2016 年，全国 338 个地级及以上城市中，84 个城市空气质量达标；优良天数比例为 78.8%，同比提高 2.1 个百分点。"随着 2017 年 1 月例行新闻发布会的成功举办，环境保护官方信息发布平台格局不断完善。

一方发布台、几支麦克风，每月固定的相约，为讲好中国生态环保故事畅通了渠道。

300 余场各类新闻发布会、通气会、吹风会、解读会等相关新闻发布活动，3 000 余篇新闻通稿，几乎覆盖了生态环境保护的所有业务领域。

新闻发布会实录合辑成近 10 本书，忠实记录了中国生态环境保护事业的筚路蓝缕和波澜壮阔。

"污染防治攻坚战""生物多样性保护""应对气候变化"……重大议题主动释放；"环保一刀切""环境影响经济发展""禁限养政策导致猪肉价格上涨"……敏感话题从不回避；"清洁取暖改造""臭氧污染防治""中央生态环境保护督察典型案例"……舆情热点及时回应。

与例行新闻发布会互为补充，近年来，重大主题新闻采访、伴随式采访等一系列新闻发布形式应运而生，生态环境宣传平台体系不断完善、舆论引导效能不断提升、生态环保正能量不断弘扬。

（三）参与日益扩大

生态环境宣传的目的在于引导和推动公众积极投身生态环境保护事业。生态环境保护以人民为中心，通过持之以恒的宣传，鼓励、引导、支持公众参与生态环境保护工作。

以国家主场活动点燃公众参与热情。

2017 年，环境保护部提出"六五环境日国家主场"概念，在江苏省南京市举办了首个六五环境日国家主场活动，时任江苏省委书记李强、时任环境保护部部长李干杰出席主场活动。此后，每年举办六五环境日国家主场活动。随着内容的不断充实，形成"主会场活动+系列专题论坛+系列配套宣传活动"的形式，公众认知度和参与度持续提高。六五环境日国家主场活动也从六五环境日一天的宣传活动延伸成持续近半年的社会宣传活动。

2022 年 6 月 5 日，习近平总书记致信祝贺六五环境日国家主场活动，活动的社会影响力达到前所未有的新高度。

以环保设施开放增强公众切身感受。

2017 年开始，环境保护部联合住房和城乡建设部在全国范围推动环保设施和城市污水垃圾处理设施向公众开放，让公众亲身体验环保企业的真实情况，推动破除"邻避效应"，赢得公众的理解支持。截至 2022 年年底，遍布全国所有地级及以上城市的 2 101 家设施开放单位，累计接待参访公众超过 1.75 亿人（次）。自 2021 年起，每年推选十佳环保设施开放单位先进典型，邀请他们登上六五环境日国家主场活动舞台分享经验，进一步增强设施开放单位的荣誉感。2022 年，推出"环保设施向公众开放"小程序，公众可扫码预约参观，持续提高了生态环境部门和设施开放单位管理的规范化水平。

以细化行动指引带动公众积极践行。

2018 年，生态环境部联合中央文明办、教育部、共青团中央、全国妇联，在全国部署开展为期三年的"美丽中国，我是行动者"主题实践活动，倡导社会公众身体力行，践行简约适度、绿色低碳的生活方式，知行合一，参与美丽中国建设，在全社会营造人人、事事、时时、处处崇尚生态文明的社会氛围。

同年，生态环境部联合中央文明办、教育部、共青团中央、全国妇联，发布《公民生态环境行为规范（试行）》，以文件形式对公民参与生态环境保护提出了具体要求，被媒体称为继"大气十条""水十条""土十条"之后的第四个"十条"——"公民十条"。持续开展公民生态环境行为调查，了解公众环境意识和行为状况，为进一步有针对性地开展宣传工作提供了重要参考。

以文化建设营造公众价值认同。

积极推进包括生态文学在内的生态文化建设，打造"大地文心"生态文学征文和作家采风活动品牌。自2016年以来，生态环境部联合中国作家协会连续五年开展"大地文心"生态文学作品征文活动，组织全国知名作家及地方作家赴山西、四川、青海、辽宁、云南等地，走进生态环境保护一线开展调研采风，并编辑出版四册《大地文心》系列生态文学作品集，为深入推进美丽中国建设提供价值引导力、文化凝聚力、精神推动力。

2020年，生态环境部和中国作家协会联合举办"繁荣生态文学 共建美丽中国"座谈会；次年，"繁荣生态文学 共建美丽中国"生态文学论坛首次进入六五环境日国家主场活动；2022年，活动升级为中国生态文学论坛。论坛为广大作家朋友搭建了生态文学交流平台，凝聚更多智慧和力量推动生态文学繁荣发展，以文学的力量促进生态文明建设不断向纵深推进。

以志愿服务凝聚广泛社会力量。

2021年6月，生态环境部、中央文明办联合发布《关于推动生态环境志愿服务发展的指导意见》，明确生态环境志愿服务的主要内容和形式，促进生态环境志愿服务制度化、规范化、常态化。连续两年在六五环境日国家主场活动中以志愿服务为主题举办论坛，搭建专家、学者、志愿者代表交流学习平台。

聘请生态环境特邀观察员，为生态环境保护工作建言献策，号召更多人关注和参与生态文明建设。举办全国环保社会组织培训班，建立与环保社会组织日常性的联系，听取意见建议。推动多家环保社会组织发起成立联盟，引导环保社会组织规范有序参与生态环境保护工作。

征程万里风正劲，重任千钧再出发。

党的二十大擘画了中国式现代化的宏伟蓝图，对"推动绿色发展，促进人与自然和谐共生"作出战略部署。生态环境宣传战线将继续以习近平生态文明思想为指导，踔厉奋发、勇毅前行，在新时代新征程上，奋力开创生态环境宣传工作的新局面，不断书写无愧于时代的精彩篇章。

一、理论旗帜持续高扬，顶层设计不断优化

时代是思想之母，实践是理论之源。新时代的十年，是一个需要思想理论的时代，是一个产生思想理论的时代，也是一个在伟大变革中不断推动思想理论向前发展的时代。

2018 年，全国生态环境保护大会在北京召开，正式确立了习近平生态文明思想，这在我国生态文明建设史上具有里程碑式的意义。习近平生态文明思想是习近平新时代中国特色社会主义思想的重要组成部分，是社会主义生态文明建设理论创新成果和实践创新成果的集大成，是一个系统完整、逻辑严密、内涵丰富、博大精深的科学体系，标志着我们党对社会主义生态文明建设的规律性认识达到新的高度。

理论创新每前进一步，理论武装就要跟进一步，理论宣传就必须深入一步。理论宣传工作是党的宣传思想工作的重要组成部分，是推动党的理论、路线、方针、政策深入群众、深入人心的重要途径和方法，在党的宣传工作中处于十分重要的地位。

有了思想理论武装，认识问题就有主心骨、就不会迷失方向，把握问题就会有高度、有深度，抓工作自然也就有了底气和力度。

生态环境宣传工作作为生态环境保护事业的重要组成部分，是贯彻落实习近平生态文明思想、深入打好污染防治攻坚战的前沿阵地和重要支撑，发挥着统一思想、振奋士气、凝聚力量、解疑释惑、明辨是非的关键作用。

（一）大力宣传习近平生态文明思想

习近平生态文明思想和习近平总书记关于宣传思想工作的新思想、新要求，是习近平新时代中国特色社会主义思想的重要组成部分，是我们做好生态环境宣传工作的根本遵循和行动指南，必须长期坚持，用以武装头脑、指导工作。生态环境宣传是一项业务性很强的政治工作，必须切实提高政治站位，增强"四个意识"、坚定"四个自信"、坚决做到"两个维护"，把广泛深入宣传习近平生态文明思想作为头等大事和核心任务，自觉扛起政治责任，坚持把学习宣传贯彻习近平生态文明思想作为生态环境宣传工作的核心内容，在强化理论武装上下功夫，推动习近平生态文明思想深入人心。

部领导撰写发表理论文章。

围绕学习贯彻习近平生态文明思想，近年来，生态环境部领导在多个权威媒体发表署名文章，既谈体会认识，也谈落实举措，为大力宣传习近平生态文明思想起到了表率作用，发挥了引领效应。

2019 年 6 月，时任生态环境部部长李干杰在《人民日报》发表署名文章《守护良好生态环境这个最普惠的民生福祉》，提出要深入贯彻习近平生态文明思想，全面加强生态环境保护，以生态环境质量改善的实际成效取信于民、造福于民。

2020 年 6 月，生态环境部党组书记孙金龙在《人民日报》发表署名文章《中华民族永续发展的千年大计——深入学习贯彻习近平生态文明思想》，深入阐释了习近平生态文明思想的时代意义、理论内涵和实践要求。

2020 年 8 月，生态环境部党组在《人民日报》发表署名文章《以习近平生态文明思想引领美丽中国建设——深入学习〈习近平谈治国理政〉第三卷》，提出要把学好用好《习近平谈治国理政》第三卷作为一项重大政治任务，与习近平生态文明思想和习近平总书记重要指示批示精神一体学习、一体领会、一体贯彻，在知行合一、学以致用上下功夫，坚决打赢打好污染防治攻坚战，大力推进生态文明建设，努力打造青山常在、绿水长流、空气常新的美丽中国，让广大人民群众望得见山、看得见水、记得住乡愁，在优美生态环境中生产生活。

2021 年 7 月，生态环境部部长黄润秋在《求是》杂志发表署名文章《建设人与自然和谐共生的美丽中国》，提出要以习近平新时代中国特色社会主义思想特别是习近平生态文明思想为指引，以生态环境高水平保护推动经济社会发展全面绿色转型，努力建设人与自然和谐共生的美丽中国。

2022 年 1 月，生态环境部党组书记孙金龙在《学习时报》发表署名文章《深入学习贯彻习近平生态文明思想　加快构建人与自然和谐共生的现代化》，提出要深刻理解习近平生态文明思想的丰富内涵，加快构建人与自然和谐共生的现代化。

举办习近平生态文明思想研讨会。

2019 年 5 月，在习近平生态文明思想确立和全国生态环境保护大会召开一周年之际，首届深入学习贯彻习近平生态文明思想研讨会成功举办。会议要求，要围绕学习贯彻习近平生态文明思想、加强生态环境保护深入沟通交流，积极建言献策，为提升生态文明、建设美丽中国贡献智慧和力量。

2020 年 7 月，深入学习贯彻习近平生态文明思想研讨会召开，会议围绕深入学习贯彻落实习近平生态文明思想，开展研讨、分享和交流，形成了一系列有深度、有价值的观点和成果。

2021 年 12 月，深入学习贯彻习近平生态文明思想研讨会以"深入学习贯彻习近平生态文明思想 努力建设人与自然和谐共生的美丽中国"为主题，深入学习贯彻党的十九届六中全会精神，深化对习近平生态文明思想重大意义、丰富内涵、核心要义、实践要求的理解和把握，指导推动生态文明和美丽中国建设。

2022 年 12 月，深入学习贯彻习近平生态文明思想研讨会以"深入学习贯彻党的二十大精神 推动建设人与自然和谐共生的现代化"为主题，通过开展理论研讨和实践交流，进一步深化对党的二十大精神和习近平生态文明思想的理解和把握，指导推动人与自然和谐共生的美丽中国建设。

2021年深入学习贯彻习近平生态文明思想研讨会

截至 2022 年 12 月，生态环境部已连续 4 年举办深入学习贯彻习近平生态文明思想研讨会，研讨会已成为推动学习宣传贯彻习近平生态文明思想的重要平台和品牌。

全面展示生态文明建设取得的成就。

2017 年 9 月，为了迎接党的十九大胜利召开，"砥砺奋进的五年"大型成就展在北京展览馆开幕。在生态文明建设展区，环境保护部等部委以全力推进污染治理为题，集中展示了打好蓝天保卫战等环境保护工作的举措成效，展览充分运用图片、文字、视频、实物、模型、互动体验等多种表现形式，立体化、全方位、多角度、全景式地展示和呈现党的十八大以来的五年间我国生态文明建设取得的成就。

2018 年 11 月，"伟大的变革——庆祝改革开放 40 周年大型展览"在国家博物馆开幕。在"人与自然和谐发展　推进美丽中国建设"单元，通过图表、照片、视频、实物、模型等展示素材，全景式地宣传和展示了改革开放 40 年来生态环境保护领域取得的主要成就。

2019 年 9 月，"伟大历程　辉煌成就——庆祝中华人民共和国成立 70 周年大型成就展"在北京展览馆开幕。一张张照片，一行行文字，展示了 70 年来生态环境保护领域的高光时刻，使观众感受到绿色发展的坚实步伐。

2022 年 9 月，"奋进新时代"主题成就展在北京展览馆举办。中央综合展区有一个重要部分吸引了不少观众驻足，那就是第七单元"坚持人与自然和谐共生，美丽中国建设迈出重大步伐"，为整个展览增添了一分来自山川湖海的秀丽与灵动。

"奋进新时代"主题成就展

组织全国开展习近平生态文明思想研习活动和宣讲活动。

近年来，全国各地掀起学习宣传贯彻习近平生态文明思想的热潮。河南省组织开展"习近平生态文明思想百场宣讲活动"，现场参加人数达 7 万余人。

四川省启动"习近平生态文明思想进农村"活动，组建的习近平生态文明思想巡回宣讲团深入乡镇巡回宣讲。

山西省生态环境厅启动习近平生态文明思想宣讲活动，各市、县生态环境部门成立专门机构，制订宣讲计划，成立宣讲团，深入厂矿、机关、农村、社区进行宣讲，让习近平生态文明思想深入人心。

重庆市举办"高校生态文化周"及"美丽中国·青春行动"习近平生态文明思想重庆青年大学生宣讲大赛，青年师生以情景剧、小品、演讲等多种表现形式将发生在重庆的生态环保故事生动再现。

多年来，生态环境宣传工作深入宣传贯彻习近平生态文明思想，着力推动构建生态环境治理全民行动体系，为持续改善生态环境、建设美丽中国营造了良好的社会氛围。

参加国际会议等对外宣传习近平生态文明思想。

中国道路不仅属于中国，更属于世界。习近平生态文明思想既为中国生态文明建设提供了行动指南，也为全球环境治理、绿色发展贡献了中国智慧和中国方案。

生态环境是人类生存和发展的根基，保持良好的生态环境是各国人民的共同心愿。党的十八大以来，中国坚定践行多边主义，推动《巴黎协定》达成、签署、生效和实施，宣布碳达峰、碳中和目标，成功举办《生物多样性公约》第十五次缔约方大会（COP15）第一阶段会议，深入开展绿色"一带一路"建设。中国已经成为全球生态文明建设的重要参与者、贡献者和引领者。

在联合国《生物多样性公约》第十五次缔约方大会两个阶段会

议的新闻宣传中，上千名中外记者参加会议报道，向国际社会传递了保护生物多样性的最强音，展示了中国生物多样性保护的成效，在国内外广泛传播习近平生态文明思想。

COP15 第二阶段会议中的"中国角"

COP15 对外讲好中国生态环保故事

2021—2022 年，联合国《生物多样性公约》第十五次缔约方大会（COP15）分两个阶段在我国昆明、加拿大蒙特利尔举行，中国作为主席国，推动达成"昆明—蒙特利尔全球生物多样性框架"（以下简称"框架"）等一揽子具有里程碑意义的成果。大会主题为"生态文明：共建地球生命共同体"，这是联合国首次以"生态文明"为主题召开的全球性会议。

　　COP15 第二阶段会议期间，生态环境部紧紧围绕大会主题和会议成果开展各项宣传活动。一是在国家主席习近平以视频方式出席高级别会议开幕式并致辞后，生态环境部部长黄润秋第一时间接受了中央主要媒体专访，谈对习近平主席讲话的体会和认识。组织媒体对外方人士、专家进行采访，彰显习近平生态文明思想的国际影响力。二是生态环境部部长黄润秋出席了四场新闻发布会，介绍会议进展和成果，并回答了美联社、法新社、加拿大《新闻报》、新华社、中央电视台等中外媒体的提问，充分展示了中国作为主席国的领导力。三是积极做好媒体沟通协调工作。此次共有 26 名中方媒体记者赴蒙特利尔采访报道，是有史以来中方媒体参会最多的国际环保会议。四是充分发挥专家作用。会议期间两次召开专家媒体见面会，5 位随团专家共接受 23 次媒体采访。

　　此次会议共有近千家境内外媒体参会报道。一方面，境内媒体充分报道 COP15 会议各阶段成果、我国为推进"框架"达成发挥的领导力、"中国角"活动展示的我国生态文明建设成就等。据不完全统计，会议期间，新华社播发中英文稿件 80 余篇、视频 40 多条、图片近百张，客户端总浏览量约 1 亿人（次）；多条英文稿件在海外各地区主流媒体落地。《人民日报》在头版等重要版面刊发 19 篇报道。中央电视台《新闻联播》播发 7 条消息，《焦点访谈》播出 2 期专题节目，《新闻直播间》连续 3 天播发生物多样性保护特别节目。《中国日报》发布的生态环境部部长黄润秋专访视频总传播量超 1 800 万，推出系列报道及 COP15 专刊，自有平台总传播量近 6 000 万，全球受众约 3 亿人（次）。其他主流媒体也开展了形式多样的报道，有力地发出了中国声音。另一方面，外媒高度评价习近平主席在高级别会议开幕式的致辞，关注我国推进"框架"达成发挥的积极作用，以及中加双方密切合作等，对 COP15 第二阶段会议的报道总体客观正面。

（二）强化生态环境宣传顶层设计

强化生态环境宣传是一项系统性工程，必须统筹谋划社会发展的各个方面、各个层次、各个要素，需要我们在科学的顶层设计上下功夫，以增强方向感、计划性。十年来，各项宣传工作的指导意见、管理办法陆续出台，生态环境宣传制度体系不断完善。

多次召开会议部署宣传工作。

2018 年 5 月，全国生态环境宣传工作会议在北京召开。这次会议是生态环境宣传工作历史上规格最高、规模最大、影响最广的一次会议。时任生态环境部部长李干杰在会上用"十分光荣、极端重要""主战场、主阵地""主力军、冲锋队"等阐释了生态环境宣传工作的重要地位和作用。会议强调，生态环境宣传工作的核心任务是广泛深入宣传习近平生态文明思想和全国生态环境保护大会精神。李干杰特别指出，既要正面宣传报道党和国家保护生态环境的坚定决心和工作成效，也要主动曝光突出生态环境问题，以及一些地区和部门党政领导干部不作为、慢作为、乱作为的问题。进一步推动社会公众广泛参与生态环境保护，壮大生态环境保护事业统一战线，为坚决打好污染防治攻坚战营造良好舆论氛围。

2018 年全国生态环境宣传工作会议

2019 年 5 月 16 日，生态环境部召开党组（扩大）会议，听取全国生态环境保护大会以来宣传工作情况汇报，要求不断推进宣传工作迈上新台阶。

2020 年 11 月，"美丽中国，我是行动者"主题实践活动总结会召开。时任生态环境部副部长庄国泰出席会议并讲话。会议指出，生态环境领域宣传和动员工作是党的宣传思想工作的重要组成部分。会议充分肯定了三年来主题实践活动取得的积极成效，同时对进一步做好生态环境领域宣传和动员工作面临的挑战和重点任务进行再分析、再部署。会议强调持续深入开展主题实践活动，努力提升宣传和动员能力水平，着力推动构建生态环境治理全民行动体系。

2020 年"美丽中国，我是行动者"主题实践活动总结会

　　2021 年 11 月，全国生态环境宣传教育工作会议在京召开，总结"十三五"以来生态环境宣传和舆论引导工作进展，分析当前形势，安排部署下一阶段工作。时任生态环境部副部长邱启文出席会议并讲话。会议指出，生态环境宣教工作是贯彻落实习近平生态文明思想、深入打好污染防治攻坚战的前沿阵地和重要支撑，是生态环境保护事业的重要组成部分。"十三五"以来，全国生态环境宣教系统坚决贯彻党中央决策部署，大力宣传习近平生态文明思想，顶层设计不断优化，新闻宣传更有声势，生态文化更具影响，公众参与更为广泛。例行新闻发布、六五环境日国家主场、环保设施开放、

新媒体建设等制度和平台从无到有，为打赢污染防治攻坚战营造了良好舆论氛围。

2021 年全国生态环境宣传教育工作会议

2022 年 11 月，全国生态环境宣传教育业务培训班在北京举办，深入学习贯彻党的二十大精神，宣传习近平生态文明思想，提升宣教工作能力和水平，总结交流生态环境宣传教育工作经验成效，安排部署下一阶段重点工作。生态环境部副部长翟青出席并讲话，强调本次培训班恰逢党的二十大胜利闭幕之际，对做好新时代新征程上生态环境宣教工作具有重要指导意义。要坚定不移把学习宣传贯彻党的二十大精神作为当前和今后一个时期首要政治任务，持续唱响生态文明建设主旋律。要生动讲好中国生态环保故事，巩固壮大网络舆论阵地，推出更多优秀宣传产品，推动构建生态环境治理全民行动体系，为深入打好污染防治攻坚战、建设人与自然和谐共生的现代化作出新的更大贡献。

不断建立健全生态环境宣传制度。

发布《"美丽中国，我是行动者"提升公民生态文明意识行动计划（2021—2025 年）》等重要文件，统筹部署全国生态环境宣传工作。针对新闻发布、社会宣传、志愿服务、环保设施开放、新媒体传播、期刊管理等工作出台指导意见、管理办法等，建立健全生态环境宣传工作制度。

2016 年 11 月，环境保护部政务新媒体平台——"环保部发布"官方微博、微信公众号正式上线，构建起环境保护政务新媒体宣传平台，并在随后的一段时间内，建立起国家、省、市三级全国生态环境系统新媒体矩阵，并出台相关管理办法。以生态环境部新媒体平台为龙头的全国生态环境系统新媒体矩阵逐步形成规模效应，形成舆论引导合力。

2017 年 1 月，环境保护部建立例行新闻发布制度，主动通报重点工作，回应社会关切热点，放大生态环境保护主流声音。截至 2022 年年底，共组织新闻发布活动 300 余场，发布新闻通稿 3 000 余篇。推动 31 个省（自治区、直辖市）设立了新闻发言人，定期召开例行新闻发布会。

　　在六五环境日这一重要纪念日方面，2017 年开始，环境保护部开启六五环境日国家主场模式，先后在江苏南京、湖南长沙、浙江杭州、北京、青海西宁、辽宁沈阳举办了六五环境日国家主场活动，不断丰富活动形式和内容，品牌效应和社会影响日益显著。

二、新闻宣传奏响生态文明建设主旋律

作为生态文明建设的重要组成部分，生态环境宣传工作已经成为推动深入打好污染防治攻坚战、建设人与自然和谐共生的美丽中国的前沿阵地和重要舞台，必须统筹资源力量、改进宣传方式，做到主题鲜明、落点精准、声音洪亮、鲜活生动。

党的十八大以来，围绕广泛宣传习近平生态文明思想这一核心任务，全国生态环境宣教系统锐意进取、开拓创新，坚持团结稳定鼓劲、正面宣传为主，不断适应新形势、新要求，改进宣传方式和方法，壮大主流舆论声音，为打好污染防治攻坚战、推进生态文明建设营造了良好的舆论氛围，奏响了生态文明建设的主旋律。

（一）生态环境部领导出席重要新闻发布活动

生态环境新闻宣传是专业性很强的政治工作，是推进生态环境领域治理体系和治理能力现代化的重要组成部分。十年来，生态环境部门广泛宣传习近平生态文明思想，坚持围绕中心、服务大局，积极引导社会舆论，充分发挥了打好污染防治攻坚战前沿阵地的作用。

在一个个重大的时间节点、重要的历史事件面前，生态环境部领导多次出席重要新闻发布会，宣传生态环境系统在落实习近平生态文明思想、打好污染防治攻坚战中的重要举措、重点安排和积极进展。

2017 年 10 月，党的十九大在北京胜利召开。大会吹响了夺取新时代中国特色社会主义伟大胜利的前进号角，提出了建设富强、民主、文明、和谐、美丽的社会主义现代化强国的奋斗目标，开启了生态文明建设和环境保护的新征程。

10 月 23 日 15 时，大会的新闻中心座无虚席。大会的最后一场记者招待会邀请到时任环境保护部党组书记、部长李干杰和中央财经领导小组办公室副主任杨伟民介绍践行绿色发展理念、建设美丽中国有关情况。这也是党代会期间首次就生态环境保护主题举行专场记者会，足见对生态文明建设和生态环境保护事业的高度重视。

思想认识程度之深前所未有；污染治理力度之大前所未有；制度出台频度之密前所未有；监管执法尺度之严前所未有；环境质量改善速度之快前所未有。李干杰首先用五个"前所未有"总结了五年来我国生态环境保护从认识到实践发生的历史性、转折性和全局性变化，并就党的十九大报告对生态文明建设和生态环境保护提出的一系列新思想、新要求、新目标和新部署进行了解读。

从生态文明体制改革进展到中央环境保护督察成效，从"大气十条"实施到长江经济带大保护推进，从乡村振兴战略到农村环境整治，在这场记者招待会上，每一个问题都得到了正面回应和翔实回答。

5 年之后，党的二十大召开前夕，中央宣传部举行"中国这十年"系列主题新闻发布会，邀请生态环境部部长黄润秋介绍"贯彻新发展理念，建设人与自然和谐共生的美丽中国"有关情况，并答记者问。

发布会上，黄润秋向各位记者朋友介绍党的十八大以来这十年我们国家生态文明建设和生态环境保护所取得的历史性成就。他指出，党的十八大以来这十年，是党和国家事业取得历史性成就、发生历史性变革的十年，生态环境领域同样如此，这十年是生态文明建设和生态环境保护认识最深、力度最大、举措最实、推进最快、成效最显著的十年。党中央以前所未有的力度抓生态文明建设，从思想、法律、体制、组织、作风上全面发力，开展了一系列根本性、开创性、长远性工作，推动生态文明建设和生态环境保护发生了历史性、转折性、全局性的变化，全党全国推动绿色发展的自觉性和主动性显著增强，创造了举世瞩目的生态奇迹和绿色发展奇迹，走出了一条生产发展、生活富裕、生态良好的文明发展道路，美丽中国建设迈出重大步伐。

一个多月之后，党的二十大的最后一场记者招待会，生态环境系统的代表再次出席。生态环境部党组成员、副部长翟青围绕"建设人与自然和谐共生的美丽中国"主题向中外记者介绍有关情况，并回答记者提问。

党的二十大是党和国家事业发展史上具有重大里程碑意义的大会，深刻阐明中国式现代化是人与自然和谐共生的现代化，对推动绿色发展、促进人与自然和谐共生作出重大安排部署，为推进美丽中国建设指明了前进方向。

在大会隆重召开之际，生态环境部领导出席记者招待会，就学习党的二十大精神、贯彻习近平生态文明思想、建设人与自然和谐共生的美丽中国介绍有关情况，具有重大意义。

习近平生态文明思想是一个系统完整、逻辑严密、内涵丰富、博大精深的科学体系。过去十年，在习近平生态文明思想科学指引下，我们坚持绿水青山就是金山银山的理念，坚持山水林田湖草沙一体化保护和系统治理，生态文明建设和生态环境保护发生历史性、转折性、全局性变化，决心之大、力度之大、成效之大前所未有。

开宗明义。记者招待会首先传递了一个最重要的信息：美丽中国建设迈出的重大步伐，靠的是习近平生态文明思想的科学指引。

系统谋划开展第三轮中央生态环境保护督察；继续实施积极应对气候变化国家战略；生态文明制度体系更健全、生态环境执法更严格；共谋全球生态文明建设之路……党的二十大最后一场记者招待会，再次向媒体展现了党和国家在治污攻坚过程中取得的成效，也向世界传递了中国生态文明建设的最强音。

多年来，生态环境系统的代表一直是全国两会上媒体关注的焦点。

2017 年 3 月，第十二届全国人民代表大会第五次会议新闻中心在梅地亚中心多功能厅举行记者会，邀请时任环境保护部部长陈吉宁就"加强生态环境保护"的相关问题回答中外记者的提问。

陈吉宁在会上表示，环境问题是人类现代化进程中面临的一项重大挑战，优美环境是人类的重要福祉，美丽中国是中国梦的重要内容。环境保护部将按照党中央的决策部署，全力以赴落实好各项环境保护的工作和任务，努力向人民交出一份合格的答卷。

2019 年 3 月，第十三届全国人民代表大会第二次会议新闻中心举行记者会，邀请时任生态环境部部长李干杰就"打好污染防治攻坚战"相关问题回答中外记者提问。他在会上表示，要保持加强生态环境保护建设的定力，不动摇、不松劲、不开口子。

如何理解人与自然和谐共生的现代化？怎样以高水平保护推动高质量发展？中国作为 COP15 主席国发挥了哪些作用？2023 年 3 月，在第十四届全国人民代表大会第一次会议首场"部长通道"采访活动上，生态环境部部长黄润秋对生态环境保护领域相关热点问题进行了回应。

从 2015 年时任环境保护部部长陈吉宁在记者会上表示要彻底解决"红顶中介"问题，到 2018 年首任生态环境部部长李干杰就打赢蓝天保卫战回答提问，再到 2020 年生态环境部部长黄润秋谈统筹做好疫情防控和生态环境保护，生态环境系统历任部领导均积极发声、直面问题，在全国两会这个汇集民智、反映民意、关系民生的重要政治舞台上及时回应社会关切。

据统计，近五年来生态环境部领导共参加重要新闻发布活动 28场，其中包括中华人民共和国成立 70 周年、COP15、"中国这十年"系列新闻发布会等，全方位、多角度向广大人民群众和世界各国展现了新时代生态环境保护的新举措、新成效和新形象。

此外，生态环境部还主动靠前，积极参与国务院新闻办公室组织的新闻发布会。近五年来已参加 10 场发布会。

（二）例行新闻发布制度的建立与实践

牢牢把握新闻宣传的话语权和主动权，唱响生态文明建设的主旋律，需要不断创新方式方法，搭建权威、有效的传播平台。十年来，各级生态环境系统的新闻发布会和新闻发言人制度不断完善，及时向社会权威、准确地通报政策措施、工作进展，讲好中国生态环保故事的本领不断增强，传播的感染力和影响力不断提高。

2017 年 1 月 20 日，环境保护部举行首场例行新闻发布会，发布 2016 年空气质量状况，介绍环境监测及"大气十条"推进落实工作进展情况。

　　如何保障监测数据质量？污染传输通道城市是否增加？监测事权上收后国控站点如何运维？新年伊始的首场发布会，因"干货满满"备受社会关注和好评，也向公众亮明了生态环境系统尊重新闻传播规律，适应事业发展新形势、新要求而积极尝试的态度，展现了生态环境舆论工作的新气象。

　　按照《关于开展例行新闻发布的工作方案》《环境保护部例行新闻发布实施办法》，此后每月20日左右的例行发布会，成为公众了解生态环境系统工作的重要途径。

生态环境部例行新闻发布会

　　2018年，发布会就"环境监测工作""大气污染防治工作"等主题回答了145个问题，主动回应包括"秋冬季空气质量反弹""泉州碳九泄漏"等社会公众高度关注的热点问题。

2019 年，发布会围绕大气污染防治等主题，主动通报 39 项重点工作，回答了"治污力度是否有所放松"等 135 个问题。

2020 年，发布会主动通报 36 项重点工作，回答了"中央生态环境保护督察"等 126 个问题。

2021 年，发布会主动通报 32 项重点工作，回答了 102 个问题。

2022 年，发布会主动通报 28 项重点工作，回答了覆盖法律法规体系建设、科技治污、水生态环境保护、大气污染防治、土壤污染防治、应对气候变化等各业务领域的 107 个问题。

从"键对键"到"面对面"，生态环境部例行新闻发布水平不断提高。从第四次例行新闻发布会开始邀请境外媒体参会，到实现微博图文直播，再到增加重点工作进展通报和热点回应环节，例行新闻发布会制度已经成为推进生态环境保护政务公开的有效手段和建立政府、媒体、公众三者理性关系的重要渠道，在展现生态环境系统开放、包容的工作态度的同时，凝聚了社会共识，为推动生态环境保护事业健康发展提供了良好的舆论氛围。

截至 2022 年 12 月，在中央宣传部对全国新闻发布工作的总体评估中，生态环境部已经连续 4 年被评为十个优秀部门之一。

新冠肺炎疫情期间坚持以线上形式举办例行新闻发布会

　　除了生态环境部的例行新闻发布会，《关于进一步加强环境信息发布工作的通知》还要求各地加大信息公开力度，明确要求省级环保部门建立例行新闻发布制度，及时向媒体和公众提供环境信息，解读环保政策，回应社会关切。

　　2018 年 1 月，环境保护部首次向社会集中公布了 31 个省级环保部门新闻发言人和新闻发布机构名单。自此，该名单每年都会进行更新，为媒体与公众及时联系生态环境相关负责人提供便利。有舆论评价：省级生态环境部门发言人均由副厅级领导担任，显示了生态环境系统对信息公开以及密切公众交流的重视。

　　各地在新闻发布的过程中积极丰富手段，展示生态环境保护工作的成效，一组组视频展示了壮阔的黄河、嬉戏的江豚、憨厚的大熊猫等鲜活灵动的生态元素，描绘了一幅幅美丽中国的图景。

与新闻发言人制度并行的还有频次加大的各种研讨会、座谈会和培训会。生态环境部邀请媒体有关负责同志及记者提出看法和建议，邀请专家学者为记者讲解环保政策和工作重点，努力提升记者的专业水平，共同商讨确定选题方向。

在此基础上，形式多样的主题采访活动通过媒体记者向公众全方位、多角度展现了生态环境保护工作中的新举措、新进展和新成效。

2017 年，组织 60 家媒体分 6 组赴京津冀及周边 6 省（直辖市）开展"打赢蓝天保卫战"大型主题采访活动，充分宣传 6 省（直辖市）攻坚行动的部署、措施、成效、经验，反映空气质量趋于好转的基本态势，展现环境保护部门积极推进大气污染防治工作，为大气污染防治营造良好的舆论氛围。

2018 年，围绕国家地表水水质自动站、全国集中式饮用水水源地保护、"清废行动 2018"、黑臭水体整治督查、"绿盾"专项行动以及大气污染防治重点区域强化监督等专项行动，协调中央主流媒体、重要市场媒体及新媒体跟随督查组赴实地进行伴随式采访，刊（播）发了大量生动细致的优秀报道。

2019 年，开展两轮次"生态文明示范创建"专题采访活动，开展"督察整改看成效"大型主题采访活动，共组织百余家媒体赴多地深度报道生态文明示范区、"绿水青山就是金山银山"实践创新基地加强生态环境保护、推进生态文明建设的突出成效和经验。

2020 年 4 月及 12 月，《人民日报》、中央电视台等中央主流媒体采访报道"绿水青山就是金山银山"实践创新基地、生态文明建设示范区等生态文明典型案例，宣传展示各地贯彻落实习近平生态文明思想、推进生态文明建设的丰富实践和成功经验。

2021 年，邀请 20 余家媒体赴青海开展"生物多样性保护"主题采访活动，从小切口展现我国生态环境保护成效，为六五环境日国家主场活动及 COP15 营造良好的舆论氛围。

2022 年，组织两批次媒体记者随行参加中央生态环境保护督察采访报道工作，产生大量的优秀报道，各级政府、企业和公众的生态环保意识进一步提升。

经过与各媒体和记者的共同努力，围绕生态文明建设和生态环境保护重点工作的新闻报道形式更加丰富，内容更加翔实，报道的可读性、感染力进一步增强。

（三）主动回应社会热点

生态环境保护工作需要广泛的社会参与，要凝聚社会共识和攻坚力量，就要及时回应舆论关切，获得公众的理解、认可和支持。十年来，生态环境宣传工作不断创新工作方法，始终把网民的"表情包"作为生态环境保护工作的"晴雨表"，主动回应各类舆情和社会关切，政策吹风会、专家解读会、媒体通气会等一系列形式应运而生，生态环保正能量不断弘扬。

"去年入冬以来，全国多个地区发生多起大面积长时间的重污染天气，给人民群众生产生活造成一定影响。大家对雾霾问题感到很焦虑。作为环保部长，看到这样的污染天气，我感到很内疚和自责。"2017年1月6日20时，时任环境保护部部长陈吉宁出席环境保护部组织的媒体见面会，就公众关注的雾霾问题回答记者提问。

坦率的回答、科学的解释，得到了媒体、公众的高度赞扬和肯定。

网友留言表示，"（环境）治理效果是有的，但环境质量不达标，不是环保部门的错，不能只靠环保部门来承担责任，环境的好坏更主要取决于企业、交通、建设等带来的污染因素；治理也并不是仅靠环保部门的呼吁就能改善的，更需要厘清责任，使责任人有意识，通过环保部门传递压力，让污染不再有，让天更蓝，水更清"。同时，在微博平台，很多"大V"网友借用部长陈吉宁的话评论称："负重前行，更需要全社会共同努力。每个人都出把力，政府把环境管理好、公众把环境维护好、企业把治污措施落实好，这样我们的环境才能越来越好！"

事实上，对于老百姓的"心肺之患"，生态环境部门一直在出实招，下大力气。多年来，对于重污染天气的舆情应对，也一直在创新形式，努力将大气污染防治的政策、措施、进展宣传出去，将大气污染的成因科学地解释明白，将生态环保人的辛勤付出展现出来，力争得到更多人的理解、支持和配合。

从"大气十条"发布后部领导接受邀请录制中央电视台"中国政策论坛——治霾攻坚战"专题节目，到邀请记者跟随大气污染防治专项检查督查组曝光违法行为，再到组织召开重污染天气专家媒体座谈会详细介绍雾霾的成因和特点、大气污染的形势和趋势、近几年的治理效果，中央主流媒体和有影响力的市场媒体客观、公正、及时的新闻报道使公众逐渐理解了生态环境系统工作人员面对的风险，逐渐接受了气象因素对空气质量的重要影响，逐渐认识到雾霾治理的长期性。

2015 年年底，中央环境保护督察在河北开始试点工作。党的十八大以来，党中央将督察作为落实党中央决策部署、推进生态文明建设和环境保护工作的重要抓手，坚持问题导向，敢于动真碰硬，推动解决了一大批突出生态环境问题。因其强大的威慑力，督察组的每一个举动都备受关注。

2016 年，环境保护部首次邀请媒体参与中央环境保护督察反馈报道，9 家媒体赴 8 个省级行政区进行跟组采访、深入调研。2018 年起，每轮中央生态环境保护督察均邀请主要媒体全程跟踪报道。《焦点访谈》播发节目《真督察岂容假整改》《工业园建到了保护区》，中央电视台《新闻 1+1》播发节目《"假整改"，环保攻坚真问题？》《"夏氏矮围"，17 年治不了的难题？》等，翔实记录了督察组动真碰硬的过程，揭露了地方破坏生态环境的行为，在社会上引起强烈反响。

积极应对春节期间重污染天气舆情

2020年春节期间，受重污染天气影响，公众对污染天气的关注和讨论有所上升，加之疫情管控等因素叠加，部分公众认为社会活动水平有所下降，对重污染天气的出现产生诸多疑问。

有微信自媒体号发表文章《北京雾霾从哪来的，环保专家请回答》《打脸！疫情把环保专家们多年来重大研究成果击得粉碎！》，发出"污染八问"，称重污染天气与机动车、工业、扬尘、燃煤、人为活动、养猪、放鞭炮、餐饮无关。有自媒体趁机炒作，假借治理大气污染的旗号，行推销产品之实，混淆视听。发现此类舆情后，生态环境部判断这是公众对污染天气不满情绪的集中体现，反映出公众对污染成因的迫切追问。基于此，生态环境部门积极开展相关解读回应工作。

针对工厂停工、机动车减少、城市禁燃等公众质疑焦点，生态环境部组织大气领域有关专家针对公众质疑焦点撰写解读文章。1月28日，以国家大气污染防治攻关联合中心专家柴发合答记者问的形式发布第一篇解读文章。2月11日，贺克斌等5位专家再度集中发声。此后，姚强、朱法华、王志轩、刘涛、雷宇等多位专家纷纷进行解读，形成密集发声态势，并协调媒体积极报道。《人民日报》、新华社、央视新闻、《新京报》、澎湃新闻等一批主流媒体报道进入舆论场，生态环境部"两微"发布解读文章，当天收获25.2万阅读量，正向声音集聚，有效消除了谣言滋生的土壤。

为持续做好舆论引导工作，生态环境部再次组织一批专家在网络上发表文章，积极解疑释惑，邀请清华大学教授，以及国电环境保护研究院、冶金工业规划研究院、中国电力企业联合会、生态环境部环境规划院等单位一批专家撰写解读文章，互相声援、形成声势。专家声音有效回应了公众关切，社会上对污染成因的关注度、讨论量明显下降，对专家解读的认可和肯定成为舆论主流声音。

由于第三方专家与舆情事件本身、舆情回应主体以及涉事双方并无直接利害关系，因此引入第三方专家介入舆情引导处置工作，以其特有的客观性和权威性来提升舆情处置效果，能够廓清舆论生态，以正视听。

由于损害了小部分环境违法企业的既得利益，这个过程中也有"督察影响经济"的杂音充斥在社会中。对此，生态环境部门进行了及时应对和正确引导。

2018年，组织开展"加强生态环境保护　促进高质量发展"大型主题采访活动，协调40余家中央主流媒体、有影响力的市场媒体以及新媒体等分成四路，深度报道上海、浙江、江苏以及广东等地通过加强生态环境保护促进经济结构调整和产业转型升级，形成环境质量改善、经济高质量发展以及促进社会和谐"三赢"的局面。

2019年，开展"督察整改看成效"大型主题采访活动，邀请媒体深入实地采访报道以督察整改促进环境改善、促进经济发展、促进社会和谐的典型案例。

此外，生态环境部网站还选取各地督察整改成效显著的案例进行集中展示。

"铁腕治霾"，四川省成都市大气污染治理助推经济高质量发展；从"工业锈带"变身"生活秀带"，上海市杨浦滨江绿色发展新范式；腾笼换鸟、凤凰涅槃，浙江省有序推进特色行业整治和转型升级……一个个生动鲜活的案例，有力驳斥了"督察影响经济"的谬论，也全方位展现了中央生态环境保护督察取得的"百姓点赞、中央肯定、地方支持、解决问题"的效果。

一直以来，生态环境部门密切关注环境舆情信息，及时有效应对各种突发事件。

直面挑战，积极有效应对"舍弗勒事件"舆情

2017年9月18日，一封由舍弗勒大中华区首席执行官签发的"紧急求助函"引发社会广泛关注和热议。函中，舍弗勒向上海市有关政府部门求助，称其原材料供应商上海界龙金属拉丝有限公司因环保问题将被关停，公司面临供货危机，并称"此问题将会导致49家车企200多款汽车或因此停产3个月，会造成3000亿元的产值损失"。事件引发关于"环保冲击实体经济"的质疑和担忧。

环境保护部密切关注舆论，研判认为：舍弗勒企业规模大、观点代表性强、报道表述夸张且有明显漏洞。环境保护部将这次舆情应对作为回击"环保冲击经济谬论"的有利"战机"，分两个阶段对议题进行了策划和部署。

第一阶段主要强化对该企业违法事实的披露，引导公众认清该事件的基本事实和环境违法本质。19日，《新京报》率先通过其新媒体发表评论《"关停一家污染企业造成3000亿损失"：别夸大环保冲击实体经济》，环境保护部"两微"第一时间转发。20日，澎湃新闻刊发新闻稿件《浦东回应滚针工厂关停致300万辆汽车减产：9个月前已通知》，环境保护部"两微"及时转发。

第二阶段组织对"环保影响经济"议题的探讨。20日上午，《新京报》发表了社论，下午，《环球时报》、"蔚蓝地图"微信公众号先后发表评论，对这一论调进行有力驳斥。环境保护部组织新媒体平台对各媒体报道进行了密集转发，向公众和媒体发出了强烈信号，产生了有效的主导作用。

以环境保护部"两微"为龙头推动形成的新的舆论高峰，超过了"舍弗勒求救函"曝光后引发的网络舆论热度。汽车行业媒体也开始转向，提醒车企反思供应链中的环保问题，避免同类事件发生。

此次事件，不仅成功实现了舆论的反转，还带动了"环保和经济发展不矛盾""环保促进经济高质量发展"等正确价值观的输出。

因势利导，积极稳妥应对生态环境问题曝光报道

2018 年 4 月 16 日，中央电视台《经济半小时》栏目播发题为《隐藏在山村里的黑工厂》的节目，曝光了江西省赣州市村庄周围企业长达三年违法建设生产的案例。17 日，又报道了山西省洪洞县三维集团危险废物违法倾倒一事。

针对这一情况，生态环境部多方了解情况，进行分析研判，形成不捂不盖、不退不缩、因势利导、顺势而为的应对策略。

18—23 日，生态环境部官网和生态环境部"两微"密集发布 8 篇稿件，高频次曝光违法案例和线索。《人民日报》、新华社、中央电视台、《法制日报》《中国青年报》《第一财经日报》《经济观察报》、澎湃新闻等主流媒体积极跟进报道。

19 日，召开例行新闻发布会，主动设置相关议题，进行正面回应。19—21日，协调中央电视台新闻频道记者专访环境监察局、中央生态环境保护督察办公室有关同志，连续几天在《新闻直播间》《新闻联播》《朝闻天下》等栏目播出相关报道。

舆论逐渐转向积极正面，普遍认为，这是生态环境部挂牌后，打出的污染防治攻坚战"第一枪"，是生态环境部联手媒体主动向环境违法行为"亮剑"，公众纷纷为生态环境部点赞加油。

典型引路，做好正面形象宣传

2018 年 12 月 1 日，浙江省温岭市环境监察大队副大队长陈奔同志在调查环境违法案件时，被犯罪分子驾车冲撞拖行，不幸牺牲。

12 月 2 日，"@温岭发布"发布微博消息"我市一公务人员在调查环境违法案件过程中牺牲"。这条消息很短，不超过 200 个字，关注度很低。

生态环境部主动设置议题，以陈奔同志的事迹为切入点，将以陈奔同志为代表的生态环保铁军精神作为重要议题开展正面宣传和舆论引导。

　　一是政务新媒体发力，第一时间表态发声。在温岭市人民政府通报情况后，生态环境部官方微博第一时间转发"@温岭发布"消息内容，并进行表态："沉痛悼念在调查环境违法案件时牺牲的战友陈奔，愿你一路走好。法律不容挑衅，务必严惩凶手，坚决打击犯罪分子的嚣张气焰。"官微的表态发声让陈奔事件开始进入公众视野。该信息发布后，阅读量迅速突破10万，先后被《新京报》《南方周末》《第一财经日报》、澎湃新闻等截图并引用报道。当天下午，"生态环境部"微信公众号发布消息"哀悼|温岭市环境执法人员在办案时牺牲"，详述事件始末，附上陈奔同志事迹以及个人获表彰情况和工作照片等，惋惜优秀人才离去，同时进一步表达了要求对犯罪分子严惩不贷的坚决态度，推动传播声量持续走高。

　　二是发布看望慰问消息稿，表达人文关怀。时任生态环境部部长李干杰正在波兰参加联合国气候变化大会，迅速作出指示，并委派生态环境执法局主要负责同志和行政体制与人事司有关同志第一时间赶赴温岭看望慰问陈奔同志家属，指导做好案件查办工作。12月3日，通过生态环境部"两微"、官网等发布《生态环境部派员看望慰问陈奔同志家属》消息稿。

　　三是组织媒体深度采访报道，挖掘人物事迹。为进一步挖掘陈奔同志典型事迹，组织《新京报》、澎湃新闻、《南方周末》、光明网等有影响力的市场媒体、新媒体等，深入陈奔同志生前生活、工作的地方进行深度采访。媒体刊发一批有温度、有力度，生动感人的报道，如新华社刊文《"他是真正有环保理想的人"——追记绿水青山卫士陈奔》。相关报道在舆论场引发转载热潮，读者留言评论，表达了对牺牲人员的惋惜和对犯罪分子的痛恨。

　　四是发布会权威发声，从陈奔事迹出发宣扬生态环保铁军精神。在当月的例行新闻发布会上，就媒体关心的陈奔事迹表态回应，在对陈奔同志致以哀悼的同时，表达出严惩环境违法行为的决心以及生态环保铁军"不辱使命，勇往直前"的坚定信念，宣传特别能吃苦、特别能战斗、特别能奉献的生态环保铁军精神。

高举旗帜、主题鲜明、激浊扬清。十年来，生态环境新闻宣传的机制不断健全，形式更加多样，内容更加丰富，深入宣传习近平生态文明思想，向世界展现了中国作为全球生态文明建设重要参与者、贡献者和引领者的进展和成效。

三、社会宣传汇聚磅礴绿色力量，公众参与更为广泛

习近平总书记指出，生态文明是人民群众共同参与共同建设共同享有的事业，要把建设美丽中国转化为全体人民自觉行动。

生态环境保护以人民为中心，鼓励、引导、支持公众参与生态环境保护工作至关重要。党的十八大以来，在习近平生态文明思想的科学指引下，生态环境保护社会宣传与公众参与工作创新方法、提升质量，全社会生态文明意识显著提升，公众参与生态环境保护的主动性显著增强，生态环境保护的"朋友圈"越来越大。

（一）六五环境日宣传活动成为经典品牌

"值此 2022 年六五环境日国家主场活动举办之际，我谨表示热烈的祝贺！"2022 年六五环境日国家主场活动，习近平总书记亲致贺信，点燃了会场内外所有人的激情，在全社会引发了热烈反响，充分体现了党和国家对生态文明宣传工作的高度重视和亲切关怀，也为接续办好六五环境日国家主场活动注入了强大动力。

时任中共中央政治局常委、国务院副总理韩正现场宣读贺信并讲话。活动首次举办讲好中国生态环保故事论坛，首次设立新闻中

人 民 日 報

RENMIN RIBAO

人民网网址：http：// www. people. com. cn

2022 年 6 月

6

星期一

壬寅年五月初八

人民日报社出版

国内统一连续出版物号
CN 11-0065
代号 1-1
第26994期
今日 20 版

贺　信

值此 2022 年六五环境日国家主场活动举办之际，我谨表示热烈的祝贺！

生态环境是人类生存和发展的根基，保持良好生态环境是各国人民的共同心愿。党的十八大以来，我们把生态文明建设作为关系中华民族永续发展的根本大计，坚持绿水青山就是金山银山的理念，开展了一系列根本性、开创性、长远性的工作，美丽中国建设迈出重要步伐，推动我国生态环境保护发生历史性、转折性、全局性变化。

在全面建设社会主义现代化国家新征程上，全党全国要保持加强生态文明建设的战略定力，着力推动经济社会发展全面绿色转型，统筹污染治理、生态保护、应对气候变化，努力建设人与自然和谐共生的美丽中国，为共建清洁美丽世界作出更大贡献！希望全社会行动起来，做生态文明理念的积极传播者和模范践行者，身体力行、真抓实干，为子孙后代留下天蓝、地绿、水清的美丽家园。

习近平

2022 年 6 月 5 日

（新华社北京 6 月 5 日电）

努力建设人与自然和谐共生的美丽中国

为共建清洁美丽世界作出更大贡献

习近平致信祝贺二〇二二年六五环境日国家主场活动强调

韩正出席活动开幕式并讲话

新华社沈阳 6 月 5 日电　2022 年六五环境日国家主场活动 5 日在辽宁省沈阳市举行。中共中央总书记、国家主席、中央军委主席习近平发来贺信，向活动的举办表示热烈的祝贺。

习近平在贺信中指出，生态环境是人类生存和发展的根基，保持良好生态环境是各国人民的共同心愿。党的十八大以来，我们把生态文明建设作为关系中华民族永续发展的根本大计，坚持绿水青山就是金山银山的理念，开展了一系列根本性、开创性、长远性的工作，美丽中国建设迈出重要步伐，推动我国生态环境保护发生历史性、转折性、全局性变化。

习近平强调，在全面建设社会主义现代化国家新征程上，全党全国要保持加强生态文明建设的战略定力，着力推动经济社会发展全面绿色转型，统筹污染治理、生态保护、应对气候变化，努力建设人与自然和谐共生的美丽中国，为共建清洁美丽世界作出更大贡献！希望全社会行动起来，做生态文明理念的积极传播者和模范践行者，身体力行、真抓实干，为子孙后代留下天蓝、地绿、水清的美丽家园。（贺信全文另发）

中共中央政治局常委、国务院副总理韩正在活动开幕式上宣读了习近平的贺信并讲话。他说，习近平总书记专门发来贺信，充分体现了党中央对六五环境日国家主场活动的高度重视。地球是人类唯一赖以生存的家园，建设人与自然和谐共生的清洁美丽世界，是全人类的共同责

任。党的十八大以来，以习近平同志为核心的党中央把生态文明建设摆在全局工作的突出位置，推动我国生态环境保护发生历史性、转折性、全局性变化。在全面建设社会主义现代化国家新征程上，要坚持以习近平生态文明思想为指导，完整、准确、全面贯彻新发展理念，加快美丽中国建设。

韩正强调，要坚持人与自然生命共同体理念，推进山水林田湖草沙一体化保护和修复，划定并严守生态保护红线，努力建设人与自然和谐共生的现代化。要坚持问题导向，深入打好污染防治攻坚战，持之以恒解决群众身边的突出生态环境问题。增强全社会的生态文明意识，把建设美丽中国转化为每一个人的自觉行动。要坚持以高水平保护促进高质量发展，深入推进经济社会发展全面绿色转型，实现生态保护与经济发展协同共进。稳妥有序推进碳达峰碳中和，在降碳的同时确保能源安全、产业链供应链安全、粮食安全，确保群众正常生活。要坚持共谋全球生态文明建设，积极推动全球可持续发展，让生态文明理念和实践造福世界人民。

活动开始前，韩正参观了"共建清洁美丽世界"主题展览。

我国自 2017 年开始连续举办六五环境日国家主场活动，今年活动由生态环境部、中央文明办、辽宁省人民政府共同举办，主题为"共建清洁美丽世界"。

2022 年 6 月 6 日《人民日报》一版头条

心，并颁发了首个"全国碳市场碳排放配额自愿注销证书"。这一年的活动，将六五环境日国家主场活动推向了一个高潮。

回顾发展历程，从2014年第十二届全国人民代表大会常务委员会第八次会议修订通过的《中华人民共和国环境保护法》第十二条规定"每年6月5日为环境日"，到2017年环境保护部提出"六五环境日国家主场"概念并每年在不同城市举办国家主场活动，这个经我国最高立法机关确立的纪念日，宣传活动内容不断充实。

"组织好'六五环境日'等活动，唱响'美丽中国，我是行动者'的'主题'……完善环境日活动'主场'，彰显生态环境宣传、生态文化和公众参与的'主体'内容，使环境日活动不断提高质量、扩大影响、增强效果。"2018年5月29日，时任生态环境部部长李干杰在全国生态环境宣传工作会议上对六五环境日宣传工作进行部署，提出要求。

2018年6月5日，生态环境部组建之后第一个六五环境日国家主场活动成功举办。

在此之前，生态环境部面向社会公开发布2018年六五环境日主题：美丽中国，我是行动者。这一主题既是对党的十九大报告中"建设美丽中国"精神的贯彻落实，也是对政府工作报告中"我们要携手行动，建设天蓝、地绿、水清的美丽中国"的积极响应。此外，生态环境部还发布了2018年六五环境日主题系列宣传品，包括主题标识、主题海报、主题歌曲和主题微视频。

2018 年在湖南省长沙市举办六五环境日国家主场活动，

启动"美丽中国，我是行动者"主题实践活动

　　围绕习近平总书记关于生态文明建设的重要论述，主场活动先后将"绿水青山就是金山银山"（2017 年）、"美丽中国，我是行动者"（2018—2020 年）、"人与自然和谐共生"（2021 年）、"共建清洁美丽世界"（2022 年）等确定为六五环境日主题，并围绕主题制作主题标识、海报、歌曲、宣传片等系列宣传品，推出中国生态环境保护吉祥物，开展摄影、书法、绘画大赛，组织文学作品征集和作家采风等活动，举办生态文学论坛，以文化为载体，广泛传播生态价值理念。

六五环境日主题标识

　　从 2018 年首次发布主题歌曲和微视频，到 2019 年首次聘请 10 位生态环境特邀观察员，再到 2021 年首次探索与地方的活动现场互动并实现重大活动碳中和，六五环境日国家主场活动已经形成"主会场活动+系列专题论坛+系列配套宣传活动"的基本架构，成为规格高、影响力大、参与度广的生态环境保护社会动员平台。

　　主场活动的宣传工作不断加强。在六五环境日期间，组织媒体集体采访活动，并主持#六五环境日#等话题，积极开展网络互动，微博、抖音话题阅读量累计达上百亿次。

2021 年在青海省西宁市举办六五环境日国家主场活动

（二）"美丽中国，我是行动者"主题实践活动激发参与热情

2018 年六五环境日期间，生态环境部、中央文明办、教育部、共青团中央、全国妇联 5 部门联合印发《关于开展"美丽中国，我是行动者"主题实践活动的通知》（以下简称《通知》），部署在全国开展为期三年的"美丽中国，我是行动者"主题实践活动。

《通知》明确，从 2018 年到 2020 年，要在学校、社区、企业和农村等场所按照宣传动员、深化推进、总结提升三步走战略，积极开展"美丽中国，我是行动者"主题实践活动。

以习近平新时代中国特色社会主义思想为指导，以"贴近生活、示范引领、实践养成"为基本原则，主题实践活动既是一场面向全社会的宣传，用动人故事见人、见事、见精神，又是一场针对每个人的动员，进学校、进社区、进企业、进农村，在生产生活中落实、落细、落小，让生态文明理念内化于心、外化于行。

为发挥典型示范作用，激发公众参与热情，培育生态道德，营造打好污染防治攻坚战的良好社会氛围，有关部门还通过基层推荐、公众投票、专家评审等方式，推选百名最美生态环境志愿者、十佳公众参与案例和十佳环保设施开放单位，并在六五环境日国家主场活动期间进行集中展示。

三年一以贯之，"美丽中国，我是行动者"主题实践活动，让绿水青山就是金山银山的理念逐步深入人心，让守护碧水蓝天成为全民共识，让遥望星空、看见青山、闻到花香的梦想离每一个中国人越来越近。

2021年1月，生态环境部、中央宣传部、中央文明办、教育部、共青团中央、全国妇联6部门共同编制并发布《"美丽中国，我是行动者"提升公民生态文明意识行动计划（2021—2025年）》（以下简称《行动计划》）。从三年到五年，《行动计划》着重在深化重大理论研究、持续推进新闻宣传、广泛开展社会动员、加强生态文明教育、推动社会各界参与、创新方式方法等6个方面提出了重点任务安排，部署了研习、宣讲、新闻报道、文化传播、道德培育、志愿服务、品牌创建、全民教育、社会共建、网络传播等十大专题行动，擘画出未来五年公众参与"美丽中国"建设的蓝图和路径。

"公民十条"：汇聚全民力量，共建美丽中国

美丽中国建设离不开全社会共同参与。为引导公众履行生态环境保护责任和义务，推动全社会形成绿色低碳的生活方式，2018 年 6 月 5 日，生态环境部、中央文明办、教育部、共青团中央、全国妇联 5 部门联合发布《公民生态环境行为规范（试行）》，为公众参与生态环境保护提供了具体的行动指南。

"公民十条"简明易行

"公民十条"是全国层面首个针对公民的较为全面的生态环境行为规范。内容编制遵循了个人的行为特点和规律，从个人的知识、态度、理念、技能再到具体的行为，从关爱生态环境、了解生态环境信息，过渡到具体的行为领域，便于公众理解和接受。同时，"公民十条"的内容、形式和表述更契合公众需求，易行、易记、易传播。"公民十条"直接告诉公众在什么情况下应该或可以做什么，不应该或不可以做什么，简单明了易行。

宣传活动广泛深入

自"公民十条"发布实施，全国各地持续广泛组织开展了丰富多彩的宣传推广活动，通过制作海报、动漫、视频、知识问答等方式进行全方位、多角度宣讲。此外，生态环境部还邀请来自不同领域的专家学者、媒体记者、企业家、社区工作人员、知名演员等生态环境特邀观察员，通过摄制视频、发布倡议，号召社会公众关注和参与生态环境保护、共同践行"公民十条"，引领绿色低碳生活风尚。

开展公民生态环境行为调查

为持续推动"公民十条"的传播和落实，了解社会公众参与生态环境保护实践的情况，生态环境部环境与经济政策研究中心自 2019 年起每年跟踪调查评估公民生态环境行为状况，并发布年度调查报告。通过开展系统科学、有针对性和代表性的调查，全面系统深入了解公众环境行为状况、人群特征及影响因素，为更好地促进公众践行绿色生活方式提供有效支撑。

"公民十条"的发布和实施，对促进全社会牢固树立生态价值观，提升公民生态文明意识和行为，构建环境治理全民行动体系发挥了积极作用。

时间再次回到 2018 年的六五环境日。为引领公众参与生态环境保护、践行绿色低碳生活方式，生态环境部等部门发布了《公民生态环境行为规范（试行）》，被社会公众称为"公民十条"。这是全国层面首个针对公民的较为全面的生态环境行为规范，成为社会公众践行生态环境保护的行动指南。

各单位、各地方积极响应"公民十条"，开展了丰富多彩的宣传活动，取得了积极成效。公众践行绿色低碳行为的自觉性和主动性得到提高，简约适度、绿色低碳的生活方式得以推行，更多的人参与到生态环境保护中，壮大了生态环境保护力量。

十年时间，生态环境社会活动与公众参与不断创新方法，从形式到内容精彩纷呈，诞生了不少体现参与性的生动案例。

各部门、各地区坚持以习近平生态文明思想为指导，以"美丽中国，我是行动者"为主题，精心策划生态环境新闻宣传、新媒体宣传及社会宣传，多措并举推进公众生态环境宣传，深度开发挖掘生态环境文化宣传产品，向社会展示真实、立体、全面的生态环境保护工作实况和生态环境保护系统形象，为打赢打好污染防治攻坚战、建设美丽中国营造了良好的社会氛围，提供了强大的精神动力。

（三）环保设施向公众开放增进理解与支持

环保设施和城市污水垃圾处理设施是重要的民生工程，对改善环境质量具有基础性作用。推动相关设施向公众开放，是保障公众环境知情权、参与权、监督权，提高全社会生态环境保护意识的有效措施。

2017年5月，环境保护部联合住房和城乡建设部印发了《关于推进环保设施和城市污水垃圾处理设施向公众开放的指导意见》，要求四类设施向公众开放并逐步实现常态化、制度化。同年12月，全国第一批124家环保设施开放单位名单随即公布。在各地政府和相关部门的积极支持与大力配合下，全国开展环保设施开放的城市数量稳步增长。

在国家层面，《环境监测设施向公众开放工作指南（试行）》等四类设施工作指南、《关于进一步做好环保设施和城市污水垃圾处理设施向公众开放工作的通知》等文件相继印发，逐步明确设施开放的分阶段目标、主要任务及管理要求等；为进一步推动工作，生态环境部征集并发布全国环保设施向公众开放工作统一标识；每年制定实施方案，指导地方深入落实。

在地方层面，各地政府、各级生态环境宣传部门高度重视设施开放工作，从政策、资金等方面扎实推进。

福建省把环保设施向公众开放工作纳入党政领导生态环境保护目标责任书考核、评分范畴；吉林省将这项工作列入省政府对地方环境保护目标责任制的考评中，倒逼推动地方党委、政府切实把设施开放的责任扛在肩上、抓在手上……

不仅如此，部分省级行政区协调财政资金补助省内开放单位，对先进的开放单位和讲解员等进行评选表彰，推动打造设施开放示范点；多个省级行政区由生态环境部门与住房和城乡建设部门联合发文，推动工作落到实处。

到 2020 年年底，《中共中央　国务院关于全面加强生态环境保护　坚决打好污染防治攻坚战的意见》确定的"2020 年年底前，地级及以上城市符合条件的环保设施和城市污水垃圾处理设施向社会开放，接受公众参观"任务全面完成。

"十三五"时期阶段性任务圆满收官之后，面对生态环境保护工作的新形势、新任务和新挑战，生态环境部继续深化环保设施向公众开放工作。

地方开展环保设施向公众开放

2022 年，生态环境部开展"喜迎二十大·共建清洁美丽世界"环保设施向公众集中开放活动，在生态环境部政务新媒体开设"厅局长带你走进环保设施"栏目，展播厅局长向公众讲解环保设施向公众开放视频。

经过持续的探索和实践，环保设施开放已经成为生态环境保护宣传工作的重要抓手。不断丰富的手段、创新的形式，让环保设施开放工作亮点纷呈，特色突出。

在川渝两地共同举办的六五环境日宣传活动中，环保设施开放单位以网络直播的方式呈现给观众；在重庆，全市 26 区联动，每逢双月第一周将四类环保设施向社会公众开放；在浙江，设施开放单位讲解员变身成"网红"，配合卡通表情包，让视频讲解更聚人气、接地气；在上海、江苏、广东等地，利用虚拟现实、三维立体等创新展示方式吸引了更多公众参与……

2022 年，为进一步拓展环保设施向公众开放工作，优化公众预约参观流程，"环保设施向公众开放"小程序上线，公众参与环保设施开放的流程更加便利，热情更加高涨；开放服务管理工作进一步精准化、信息化和规范化。

在此基础上，各地不断拓宽设施开放报名渠道、简化报名流程，开发设施开放相关生态环境教育课程、制作科普电视节目，多渠道、多角度、大范围宣传，不断扩大设施开放活动的覆盖面。"环保设施两日游精品路线""环保设施打卡活动""环保公众开放周"等丰富多样的品牌活动，也吸引更多人走进垃圾焚烧厂等环保设施开放单位，消除心中疑虑。

设施开放单位是活动的主体。凝聚生态文明建设的广泛共识，离不开有责任、有担当企业的参与和带头。

2021年，中国光大环境（集团）有限公司（以下简称光大环境）在官方网站发布"邀请函"，邀请公众参观旗下114个环保项目。在公众开放和环保教育实践中，光大环境专门成立公众开放领导小组和专职环境管理部门，并组建公众开放讲解队伍，针对不同的参观群体设计不同的参观路线、讲解版本，以满足不同受众要求。

包括光大环境在内，越来越多的企业对此项工作持积极态度，主动将公众请进来。开放的态度，换来了"邻避效应"的破冰，更换来了百姓真心实意的支持和称赞。

（四）生态环境志愿服务团结强大同盟力量

志愿服务是全面建设社会主义现代化国家的重要力量，是社会文明进步的重要标志，也是构建现代环境治理体系、推进生态文明建设的重要途径。

近年来，在习近平生态文明思想的科学指引下，在中央宣传部、中央文明办的指导支持下，各地区各有关部门组织开展了一系列内容丰富、形式多样的生态环境志愿服务活动，推选出一大批打动人心、感召社会的先进人物和典型案例，生态环境志愿服务事业展现出生机勃勃的崭新面貌。

2021 年 1 月，生态环境部等 6 部门联合编制印发的《"美丽中国，我是行动者"提升公民生态文明意识行动计划（2021—2025 年）》将"志愿服务行动"列为十大行动之一。

为进一步推动生态环境志愿服务，促进生态环境志愿服务常态化、制度化、规范化，2021 年 6 月，生态环境部与中央文明办联合编制印发《关于推动生态环境志愿服务发展的指导意见》。

这是国内首份专门针对生态环境志愿服务工作的纲领文件，从指导思想、基本原则、丰富内容形式、加强队伍建设、完善服务管理和强化保障措施 6 个方面为推动生态环境志愿服务发展工作提供了指引，回答了生态环境志愿服务工作要做什么、如何做、怎么保障等问题。至此，推动生态环境志愿服务持续健康发展有了制度保障。

生态环境部还深入基层开展生态环境志愿服务调研，开展生态环境志愿服务制度体系研究，组织开展全国生态环境志愿服务培训，策划生态环境服务品牌活动，加强生态环境志愿服务宣传。在生态环境部门的积极引导和鼓励下，各地生态环境志愿者的队伍不断壮大，志愿服务的内容不断走深走实。

生态环境志愿者的先进人物和感人事迹不断涌现，各地的品牌活动不断拓展，探索出一批有特色、见实效、可复制、易推广的志愿服务项目。

在内蒙古，"绿色内蒙古·生态北疆行""青春助力'一湖两海'""种树植心"等一系列志愿服务品牌带动越来越多的环保社会组织和环保人士加入志愿服务行列。

在江苏，每个设区市重点打造1～2个、县（市、区）至少设计1个青少年生态环保特色品牌活动，动员更多青少年参与生态环保实践。

在山东东营，"小脚丫""黄河卫士·福润东营""共饮黄河水·保护母亲河"等黄河生态环境志愿服务品牌使得生态环境志愿服务蔚然成风。

……

从2021年开始，六五环境日国家主场活动增设生态环境志愿服务专题论坛。专家、学者、志愿者代表从理论政策、服务实践、案例分享等多个角度，交流理论与实践成果。

2022年中国生态环境志愿服务论坛

举办中国生态环境志愿服务论坛

2019年起，生态环境部会同中央文明办等每年推选"美丽中国，我是行动者"百名最美生态环境志愿者、十佳公众参与案例等先进典型，并于2021年共同印发了《关于推动生态环境志愿服务发展的指导意见》，推动生态环境志愿服务制度化、规范化、常态化发展。

2021年、2022年连续两年，生态环境部会同中央文明办及省级人民政府在六五环境日国家主场活动期间，围绕生态环境志愿服务专题举办论坛，邀请相关党政机关代表、专家学者、生态环境志愿服务组织和志愿者、生态环境特邀观察员等共聚一堂，展示生态环境志愿服务工作成果，加强经验交流分享，促进生态环境志愿服务事业发展。

2021年，生态环境部、中央文明办、青海省人民政府在青海西宁联合举办"生态文明，志愿同行"论坛。生态环境部部长黄润秋、时任中央宣传部副部长傅华出席论坛并讲话，时任青海省委副书记、省长信长星，时任内蒙古自治区人民政府副主席包钢出席论坛。时任青海省副省长张黎出席论坛并致辞。黄润秋在论坛上强调，"十四五"时期，要大力推动生态环境志愿服务工作，深入宣传习近平生态文明思想，持续激发企业和公众生态环境保护主体意识和责任意识，动员全社会关心、支持、参与生态环境保护工作。傅华指出，生态环境志愿服务已成为社会文明进步的生动体现，成为建设美丽中国、促进社会主义现代化建设事业的重要力量。

2022年，生态环境部、中央文明办、辽宁省人民政府在辽宁沈阳联合举办中国生态环境志愿服务论坛。时任中央宣传部分管日常工作的副部长李书磊、生态环境部部长黄润秋出席论坛并讲话，中国文联党组书记、副主席李屹出席论坛，辽宁省委副书记、省长李乐成致辞。李书磊在论坛上强调，志愿服务是动员全民参与生态文明建设的有效途径，需要从理论和实践层面，推动生态环境志愿服务实现高质量发展。要充分发挥志愿服务的感召力、动员力，激发基层群众参与生态环境保护的积极性和主动性。黄润秋指出，当前，我国生态文明建设仍处于压力叠加、负重前行的关键期，生态环境志愿服务在推动公众参与生态环境保护、形成绿色生产生活方式方面大有可为。

生态环境志愿服务专题论坛通过主题演讲、经验分享、研讨交流等方式，从政策理论、制度建设、服务实践、案例展示等多个角度，为各方交流生态环境志愿服务理论与实践成果、凝聚智慧与共识提供了良好平台，加强了有关部门、环保组织、志愿者、企事业单位等之间的联系和合作。

（五）鼓励和引导环保社会组织积极参与生态环境治理

以环保社会团体、环保基金会和环保社会服务机构为主体组成的环保社会组织是我国生态文明建设和绿色发展的重要力量。

在党和政府高度重视和引导下，环保社会组织在提升公众环保意识、促进公众参与环保、开展环境维权与法律援助、参与环保政策制定与实施、监督企业环境行为、促进环境保护国际交流与合作等方面作出了积极贡献。

十年时间，生态环境部门不断完善制度规范，创新方式方法，以开放、包容的态度积极鼓励和引导环保社会组织参与到生态环境治理中，取得积极成效。

2017 年，环境保护部和民政部联合印发了《关于加强对环保社会组织引导发展和规范管理的指导意见》。两部委共同就进一步做好环保社会组织工作、充分发挥社会组织在推进环保工作中的重要地位和作用作出部署，核心目的是要求各地环境保护部门和民政部门充分重视环保社会组织的作用。

此后，定期举办培训会、座谈会和通报会，与环保社会组织探讨建立长效沟通机制，为环保社会组织开展活动提供支持，不断壮大"美丽中国，我是行动者"环保社会组织联盟，截至 2022 年 12 月，联盟成员已达 101 家。

四、创新开展新媒体宣传，畅通网络宣传渠道

高度重视新闻舆论工作，是中国共产党的优良传统，也是革命建设改革事业不断取得胜利的一个重要法宝。管好、用好互联网，是新形势下掌控新闻舆论阵地的关键。

党的十八大以来，以习近平同志为核心的党中央坚持导向为魂、移动为先、内容为王、创新为要，在体制机制、政策措施、流程管理、人才技术等方面加快融合步伐，建立融合传播矩阵，打造融合产品，取得了积极成效。十年来，网络空间已成为生态环境舆论传播和引导的主阵地。

2016 年 11 月，环境保护部官方微博、微信公众号"环保部发布"开通上线。截至 2017 年 12 月，全国 31 个省（自治区、直辖市）和所有地市级及以上城市的环境保护厅（局）均全部开通了"两微"，形成环境保护系统新媒体矩阵，多平台同频共振。

（一）搭建"两微十一号"新媒体宣传平台形成头雁引领

"各位亲，初来乍到，请多关照。" 2016 年 11 月 22 日，环境保护部政务新媒体平台——"环保部发布"正式开通上线。

政务新媒体是网络时代政府部门的"信息窗口""形象窗口"，也是环境保护部门开展生态环境舆论传播和引导的"标配"工具。

2016 年是"十三五"规划第一年，当时环境形势非常严峻，"大气十条"等一系列污染防治措施也在深入推进，改善环境质量压力非常之大，生态环境的舆论形势也空前严峻复杂。在这样的背景下，环境保护部政务新媒体积极亮相，收获了公众的支持和鼓励。

2018 年 3 月，国务院机构改革，组建生态环境部。3 月 22 日，"环保部发布"正式更名为"生态环境部"，继续作为生态环境部政务权威平台发声。

在社会各界的关心、注目下，生态环境部政务新媒体平台一步步成长、壮大——头条号、人民号、百家号、央视号、新浪看点、知乎、抖音等新媒体账号相继开通，形成了"两微十一号"的发布格局，为大家提供及时、权威的生态环境信息，与大家共同见证了我国生态文明建设波澜壮阔的历史进程，也真实展现了社会各界携手推进生态文明建设的生动场景。

　　自 2017 年起，生态环境部开始举办六五环境日国家主场活动，推动六五环境日成为社会认知度高、参与度广的环保纪念日。抖音平台"六五环境日"话题阅读量达到 57.2 亿。积极宣传"美丽中国，我是行动者"主题实践活动，微博平台#美丽中国我是行动者#话题阅读量达 10 亿。

　　2019 年，"生态环境部"微博、微信公众号获评人民网"国务院机构政务新媒体传播力二十强"榜单第二名。2020 年、2021 年，"生态环境部"新媒体运营团队获选中央网信办"百名网络正能量榜样"和"百个优秀网络正能量建设者"。2021 年，生态环境部出品制作的《六五环境日图鉴|翻开画卷，这里就是美丽中国！》入选中央网信办主办的"百幅精品网络正能量图片"。2021 年、2022 年，生态环境部微信公众号和微博账号先后入选中央网信办"走好网上群众路线百个成绩突出账号"。2022 年，生态环境部微信公众号在中央网信办"创四优"竞赛活动中获评"优秀网评账号"……

　　以新媒体的速度一路奔跑，以新时代的力量勇担责任。如今，生态环境部政务新媒体在融合创新中彰显社会责任，用心坚守，搭建起舆论引导和政策解读、政府与群众沟通互动的新平台，讲述中国生态环保故事，成为生态环境政务信息公开的重要窗口，一次发声，多点发力，全网传播。

（二）建立国家、省、市三级新媒体矩阵形成规模效应

2017年12月26日，全国环境保护系统新媒体矩阵构建完成。该矩阵以生态环境部"两微"为龙头，包括省级、地市级生态环境部门的"两微"共422对。"生态环境部"微信公众号上线"全国生态环境系统微矩阵"模块，通过手机和PC端可直接访问各省级和地市级生态环境部门"两微"。

同时，各省（自治区、直辖市）生态环境部门也在建设新媒体矩阵上持续发力，不少地方的新媒体矩阵覆盖到县级。省级和地市级生态环境部门集中力量做优做强一个主账号，发布权威信息，听取网民呼声，引导网络舆论。

此外，各省（自治区、直辖市）生态环境部门还不断健全完善政务新媒体管理体系，制定本地区生态环境系统新媒体矩阵管理办法，规范建设运维、审核发布、信息联动、计分排名和措施保障，着力实现矩阵运行指令畅通，重大信息传播整体发声，特别是各级生态环境部门加强新媒体内容发布机制建设，对要求转发的及时转发，对应当回应的及时回应。

加强生态环境系统新媒体矩阵建设，可以壮大主流舆论声音。截至2022年12月，省级和地市级生态环境部门"两微"基本保持每个工作日更新，全国生态环境系统新媒体矩阵逐步形成规模效应，实现重大信息同时发布，形成上下联动、左右互动的舆论引导合力，

影响范围呈几何级数扩大。

目前，全国生态环境系统运用互联网手段开展生态环境宣传和舆论引导，不断提升生态环境主流舆论信息的到达率、阅读率和点赞率，不断扩展网络传播阵地，增强网络传播战略主动。

整合新媒体矩阵宣传力量

生态环境部注重整合生态环境系统新媒体矩阵的力量，发动地方生态环境部门联合开展新媒体主题宣传策划。

2022年，生态环境部政务新媒体联合地方生态环境部门推出"从这里看见美丽中国"系列宣传视频65篇，生态环境部"两微"阅读量超469.9万。

此外，还与地方生态环境部门联合推出"新年新气象""发言人之声""今天我值班"等系列宣传视频，在 COP15 第二阶段会议期间推出"走近COP15-2·大美中国"等系列宣传策划。一些新媒体宣传策划得以破圈传播，影响力逐步扩大，得到了广泛的社会关注。

"从这里看见美丽中国""发言人之声"等宣传策划，既全面展现了我国生态环境保护取得的辉煌成就，又能使成就宣传更聚焦、更具体，体现情理交融，以"小切口"展现"大视野"。

通过积极发动地方联合制作，特别是动员地市一级宣传力量，不仅直接推动了生态环境新媒体宣传的进一步下沉，影响了更广泛的社会群体，也为整个生态环境系统培养了宣传人才、拓展了外部资源。

（三）推出特色新媒体宣传产品让生态环保"飞入寻常百姓家"

新媒体宣传产品是生态环境宣传的实际载体和具体表达形式。

作为生态环境信息的第一发声阵地，生态环境部"两微十一号"迸发出新媒体的强大活力，推出了诸多有思想、有温度、有品质的精品力作，让网络空间的主旋律更响亮、正能量更强劲，也让生态环保"飞入寻常百姓家"。

多年来，生态环境部政务新媒体与全国生态环保人一起迎难而上、奋力拼搏，用"新"记录了深入打好污染防治攻坚战的奋斗历程，用情讲述了建设美丽中国的生动故事，让生态文明建设和生态环境保护成就可感可触，感召人们积极投身建设人与自然和谐共生现代化的时代伟业。

开通的"学习贯彻二十大精神·司局长访谈""从这里看见美丽中国""非凡十年·我的环保故事""生态环境保护这十年""铁军风采""排污口监督管理""例行新闻发布"等重要专栏和话题，受到了公众的持续关注。随着中央生态环境保护督察制度的逐步完善，推动解决社会公众关心的突出生态环境问题，生态环境部政务新媒体成为中央生态环境保护督察的权威发声平台。

生态环境部政务新媒体栏目

2021 年 10 月，COP15 第一阶段会议召开。生态环境部政务新媒体组织开展生物多样性保护主题宣传片大联展活动，开设"保护生物多样性""相约 COP15"等专栏和话题。10 月 11 日会议开幕当天，微博话题#COP15#登上微博热搜榜第一名。

2022 年 12 月，COP15 第二阶段会议召开。生态环境部政务新媒体开设"大美中国""聚焦 COP15"等专栏，配合新华社、人民日报、中国日报等主流媒体开展形式多样的国际网络传播，有力发出了中国声音，为大会的胜利召开营造了良好舆论氛围。

会议期间，微博话题#COP15#阅读量达到 11.7 亿。

多年来，生态环境部政务新媒体创新宣传载体和内容，适应分众化、差异化传播趋势，开发类型多样的新媒体宣传产品，加大短视频产品开发力度。在党的二十大、建党 100 周年等国家重大主题宣传报道中，生态环境部政务新媒体"两微十一号"合力同向，采用图文、音视频等多种形式，实现信息的快速发布、多元呈现与规模集纳。同时，紧密结合生态环境保护重点工作，加强议题设置，及时发布政务信息，多轮次地转发、摘发、编发重点生态环境信息，还经常性地与网民、主流媒体、商业网站、网络"大V"、意见领袖等建立互动。

生态环境部立足政务信息发布平台定位，连续六年编辑出版《回眸：环保部发布的 486 天》《你好，生态环境部——@生态环境部在 2018》《聚力·破浪前行——@生态环境部在 2019》《攻坚：@生态环境部在 2020》《征程——@生态环境部在 2021》《奋进——@生态环境部在 2022》等图书，收录生态环境部政务新媒体发布的重点信息，通过大量文字、图片，客观反映了全国生态环境系统迎难而上、奋力拼搏、建设美丽中国的奋斗历程，以及全国生态环保人为建设人与自然和谐共生的现代化作出的积极贡献。

"非凡十年·我的环保故事"展示生态环保铁军风采

为迎接党的二十大胜利召开，2022 年 10 月，生态环境部政务新媒体、光明网等平台联合策划推出 5 集系列微纪录片《非凡十年·我的环保故事》，在生态环境系统新媒体矩阵、光明网、学习强国等平台播出，被上百家媒体转载推送，累计播放量超 5 600 万次，网友积极点赞评论，反响热烈。

一是坚持政治引领。党的二十大是中华民族伟大复兴进程中的一件大事，全世界都给予了关注的目光。系列作品以鲜明的政治方向、舆论导向、价值取向，通过优美的画面、翔实的数据、动人的故事体现了党的十八大以来我国生态环境保护工作和生态文明建设取得的非凡成就，为迎接党的二十大胜利召开营造了良好的氛围。

二是小切口呈现大主题。邀请生态卫星遥感、环境科研、生物多样性保护等多个生态环境领域的亲历者、见证者，倾情讲述十年来的所见、所闻、所感，生动展现生态环境工作者和生态环境志愿者不负青山、逐绿前行的拼搏身影，呈现各地生态环境持续改善的成果，对提升公众生态环保意识、鼓励公众参与环保行动具有重要意义。

三是巧用外力。联合光明网、新浪网、新浪微博，邀请行走在一线、奋斗在一线的生态环境工作者、生态环境志愿者，用镜头记录自己的工作生活，讲述和传播中国生态环保故事。系列微纪录片的制作，经由前期策划，并与光明网多次沟通角色选取、内容要求等，为今后工作开展积累了宝贵经验。

五、倡导绿色价值观念，加快构建生态文化体系

文化是一个国家、一个民族的灵魂。中华民族 5 000 多年的文明进程中孕育了博大精深的优秀传统文化，蕴含了丰富的生态智慧。

党的十八大以来，以习近平同志为核心的党中央高度重视文化工作。生态文化是生态文明建设的有生力量，在 2018 年召开的全国生态环境保护大会上，习近平总书记强调要加快建立健全以生态价值观念为准则的生态文化体系。

生态环境部高度重视倡导生态价值观念和推进生态文化建设工作，组织"大地文心"生态文学作家采风和作品征集活动，组织开展生态环境保护主题摄影、书法、绘画大赛等，努力繁荣生态文化作品创作。

（一）大力推动生态文学繁荣发展，建设绿色精神家园

生态文学是生态文化的重要表现形式，在推进生态文明建设进程中承担着极其光荣的使命责任。新时代十年，生态文明建设过程中涌现的生动实践和感人故事，为生态文学创作增添了源源不断的素材和灵感。

近年来，生态环境部积极推进包括生态文学在内的生态文化建设，连续举办五届"大地文心"生态文学征文活动。同时，"大地文心"生态文学作家采风活动足迹遍布山西、四川、青海、辽宁、云南等地，掀起生态文学创作热潮。在采风期间，作家深入生态文明建设一线，以文学形式展现各地的自然之美、文化之美、生态之美。

"大地文心"采风活动

为进一步统筹各方资源优势、凝聚力量扩大队伍，生态环境部联合中国作家协会、地方政府组织生态文学交流活动。2020年，举办了"繁荣生态文学 共建美丽中国"座谈会，2021年起在六五环境日国家主场活动上举办生态文学论坛，共同交流理论与实践成果，促进生态文学繁荣发展，以文学助力新时代美丽中国建设。

打造"大地文心"生态文学品牌

2016年，为进一步大力传播习近平生态文明思想，发展繁荣生态文化，环境保护部宣传教育司组织中国环境报社启动了"大地文心"生态文学征文活动，迄今已举办五届，并联合中国作家协会组织开展了"大地文心"生态文学作家采风活动，先后组织作家赴山西、四川、青海、辽宁、云南等地，走进生态环境保护一线开展调研采风。

近年来，"大地文心"生态文学征文和采风活动取得了地方欢迎、作家支持、公众参与的显著成效，征文来稿数量屡创新高。王蒙、何建明、蒋子龙、吉狄马加、张抗抗、陈建功、梁衡、叶梅、陈应松、李青松等数十位著名作家纷纷提笔，欣然为"大地文心"生态文学活动提供文学作品。每届活动都会将优秀作品结集出版发行。截至2022年12月，四部"大地文心"生态文学优秀作品集出版。

全国生态环境特邀观察员、著名作家阿来在2022年中国生态文学论坛发言

全国各地也积极跟进、主动作为，用丰富的文学形式、优秀的文学作品展现波澜壮阔的生态文明建设。

有着文学湘军美誉的湖南，近年来在生态文学创作中不断探索，开展生态文学征文和采风，组织举办生态文学专修班等，营造湖南作家生态文学创作的良好氛围，形成一批成熟的生态文学作品。2022年9月30日，湖南省作家协会生态文学分会在长沙正式成立，这也是全国首个省级生态文学分会。

山西省组织开展"大地文心·美丽书写"生态文学采风活动，重庆市组织川渝作家环保行，各地生态文学的发展呈现出蓬勃向上的态势。

新时代十年，生态文明建设过程中涌现的生动实践和感人故事，也为讲好中国生态环保故事提供了广阔舞台和生动素材。

2022年6月4日，首届讲好中国生态环保故事论坛在辽宁省沈阳市举办，旨在总结交流讲好中国生态环保故事的经验体会，探讨规律特点，提高能力和水平，把中国生态环保故事讲得更加生动、精彩、感人，为共建清洁美丽世界发挥更大作用、作出更大贡献。

2022年11月，生态环境部组织开展了"新时代中国生态环境保护故事"征集活动，让更多人以亲身经历、第一视角，全景式展现我国生态环境保护发生的变化。

开展新时代生态环保故事征集，

出版《十年——新时代中国生态环境保护故事》图书

为深入学习贯彻党的二十大精神，大力宣传习近平生态文明思想，讲好中国生态环保故事，生动反映党的十八大以来我国生态环境保护事业发生的历史性、转折性、全局性变化，2022 年 11 月，生态环境部组织开展了"新时代中国生态环境保护故事"征集活动。

征集活动共收到社会各界投稿 1 131 篇，经初筛、内部初评、专家复评、网络投票等环节，最终确定了浙江省安吉县余村党支部副书记俞小平的《"绿水青山就是金山银山"理念指引下的余村蝶变》、中国环境科学研究院柴发合的《一生只做一件事》等 10 篇故事获一等奖，广东省珠海市生态环境局毛梓乙等的《南国之滨 珠海鹭鸟天下——"鸟叔"的世外桃源》等 20 篇故事获二等奖，江苏省南通市生态环境局法规标准处赵建峰的《一起损害赔偿案件引起的蝶变效应》等 30 篇故事获三等奖，江苏省无锡市打好污染防治攻坚战指挥部办公室葛宇翔、陈怡的《"啰嗦"的攻坚哲学》等 40 篇故事获优秀奖。这 100 篇好故事最终被汇集成册，出版发行了图书《十年——新时代中国生态环境保护故事》。

该书跨越新时代的十年时空，以生态环境保护历史事实为基础，以亲身经历、第一视角，生动讲述了社会各界齐心协力推动生态环境保护过程中所涌现出的一个个鲜活的典型人物和感人事迹。该书将"说理""叙事""抒情"有机结合，传播生态文明理念，反映人民心声、书写时代进步，倡导大家行动起来，共同绘就新时代我国生态文明建设和生态环境保护波澜壮阔的宏伟画卷。

2022 年首届讲好中国生态环保故事论坛

（二）开展生态文化主题创作，让生态环保亲切可感

"今天是六五环境日，也是我们的生日，初次见面，请大家多多关照。"在 2020 年六五环境日国家主场活动现场，中国生态环境保护吉祥物——"小山"和"小水"齐声问好。

中国生态环境保护吉祥物自 2019 年 11 月起开始征集，经过近 7 个月的征集、专家评审、公示、网络投票等过程，从 2 400 余件作品中遴选，再经专家评审、调整优化，最终确定，供社会各界开展生态环境保护公益活动时免费使用。

这对吉祥物脱胎于"青山绿水"，传递着绿水青山就是金山银山的理念。"小山"以青山为造型，以绿叶为发饰，以祥云为鞋子纹样，象征绿色与和谐。"小水"以绿水为造型，以花朵为头饰，以水纹为鞋子纹样，象征洁净和美丽。萌萌的"小山""小水"面带笑容、活泼灵动，寓意着每个人都是生态环境的保护者、建设者、受益者，要像保护眼睛一样保护生态环境、像对待生命一样对待生态环境，积极践行绿色生产生活方式，共同守护地球家园，激发公众爱护自然山水的人文情怀。

2021 年，生态环境部发布中国生态环境保护吉祥物视觉识别规范公告，规范使用中国生态环境保护吉祥物名称、形象及相关衍生品。

"小山""小水"标准设计图

为更好运用中国生态环境保护吉祥物传播生态文明理念、讲好中国生态环保故事，自 2020 年 11 月起，生态环境部面向全社会组织开展了中国生态环境保护吉祥物文化创意作品公开征集活动。

安徽省制作动漫短视频《"小山""小水"学用〈民法典〉》，福建省以"小山""小水"为主角打造生态环保宣传提线木偶剧《风雨桃花山》，河北省发售"小山""小水"主题地铁纪念卡。通过中国生态环境保护吉祥物的使用，把专业知识讲解得更通俗易懂，把法律政策规定解读得更接地气，把生态文化展现得繁荣兴盛，让生态环保理念春风化雨、润物无声。

除了视觉生态文化主题创作，生态环境部多年来也积极打造听觉生态文化主题创作。

"山更青、水更绿，让中国更美丽……"

2018 年 5 月，生态环境部发布六五环境日主题歌曲《让中国更美丽》，随后面向社会征集优秀主题歌曲演唱作品，瞬间在神州大地传唱。这次"全民大嗨歌"，唱出的不仅是诗意景色，更唱出了大家从自身做起，从自身小事做起，留住鸟语花香，共建美丽中国的环保"好声音"。

2018 年以来，围绕打赢打好污染防治攻坚战，生态环境领域各条战线涌现出了一批又一批优秀的生态环保人物。

在 2020 年六五环境日即将来临之际，生态环境部面向全社会发布《环保人之歌》，这是中国生态环境系统第一首生态环保歌曲，是对生态环保铁军"政治强、本领高、作风硬、敢担当，特别能吃苦、特别能战斗、特别能奉献"精神的生动写照，引发生态环境系统内外人员积极传唱。

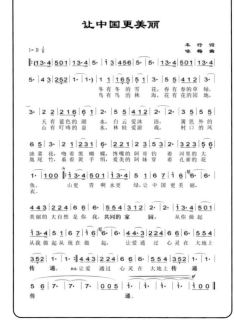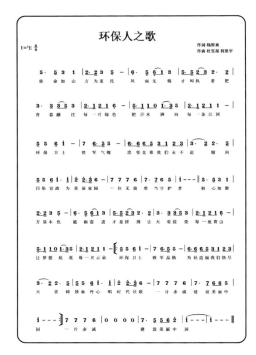

《让中国更美丽》和《环保人之歌》歌谱

生态环境部近年来联合中央广播电视总台拍摄制作生态环境成就宣传片《美丽中国》《共同的家园》，策划并于"七一"前制作推出《向美丽中国进发》主题宣传片，向建党 100 周年献礼。在 2021 年 10 月 COP15 第一阶段会议和 2022 年 12 月第二阶段会议召开前，分别联合发布主题宣传片。

（三）丰富生态文化产品，让生态环境宣传触目可及

2016 年 11 月，国家新闻出版广电总局、环境保护部联合举办"美丽中国"环境保护公益广告作品征集暨展播活动，面向全国征集优秀环境保护公益广告作品，共收到有效作品 911 件，最终评定的 36 件优秀作品贴近实际、贴近生活、贴近百姓，具有较强的思想性、艺术性和观赏性。

此后，生态环境部多次与相关部门开展环境保护主题公益广告征集暨展播活动，推出一批导向正确、内涵丰富、创意新颖、制作精良、群众接受度高的优秀环境保护公益广告作品，为生态文明建设和环境保护工作提供精神动力、舆论支持和文化氛围。

除了生态文化公益活动，生态环境部还开展"'美丽中国，我是行动者'提升公民生态文明意识行动计划"生态环境保护主题摄影、书法、绘画等作品征集活动，并将评选出的优秀作品在六五环境日国家主场活动的主题展览中展出。

同时，为大力宣传新时代生态文明建设和生态环境保护的新进展、新成效，不断提升宣传工作水平，弘扬主旋律，传播正能量，自 2018 年起，生态环境部组织开展优秀生态环境宣传产品征集评选活动，进一步加强生态文明宣传教育工作，宣传新时代生态文明建设和生态环境保护的新进展、新成效，繁荣生态文化，培育生态道德。征集作品类别丰富，包含 MV、宣传片、海报、动漫、手

机长图 H5 等。截至 2022 年年底，共评选出 111 件（套）优秀生态环境宣传产品，成为宣传习近平生态文明思想和生态环境保护工作的重要载体。

部分优秀生态环境宣传产品

结　语

新时代十年，是生态环境保护发生历史性、转折性、全局性变化的十年，也是生态环境宣传面对新形势、新任务、新挑战，不断深化思想认识、顺应传播规律、丰富传播形式和内容的十年。

十年间，生态环境宣传制度不断完善、手段不断创新、阵地不断巩固、成效不断显现，线上线下"朋友圈"日益扩大，生态环保故事讲述可感、可触，赢得了全社会的欢迎与支持。

未来，生态环境宣传将继续在习近平生态文明思想的引领下，紧扣主旋律、聚焦主战场、守好主阵地，为建设人与自然和谐共生的现代化贡献力量。

编写组

主　编：陈　谦

成　员：童克难　谢佳沥　牛秋鹏

图书在版编目（CIP）数据

中国生态环境宣传：2012—2022年/陈谦主编.
—北京：中国环境出版集团，2023.10
ISBN 978-7-5111-5593-1

Ⅰ．①中… Ⅱ．①陈… Ⅲ．①生态环境建设—宣传工
作—中国 Ⅳ．①X321.2②D64

中国国家版本馆 CIP 数据核字（2023）第 153059 号

出 版 人　武德凯
策划编辑　季苏园　李心亮
责任编辑　王　琳
图片摄影　邓　佳　王亚京　曾　震
封面设计　彭　杉
_____

出版发行　中国环境出版集团
　　　　　（100062　北京市东城区广渠门内大街 16 号）
　　　　　网　　　址：http://www.cesp.com.cn
　　　　　电子邮箱：bjgl@cesp.com.cn
　　　　　联系电话：010-67112765（编辑管理部）
　　　　　发行热线：010-67125803，010-67113405（传真）
印　　刷　北京鑫益晖印刷有限公司
经　　销　各地新华书店
版　　次　2023 年 10 月第 1 版
印　　次　2023 年 10 月第 1 次印刷
开　　本　787×960　1/16
印　　张　6
字　　数　60 千字
定　　价　65.00 元
_____